U0010528

自然生活家 29

手繪自然筆記

記錄在野地的所見所聞，
引領您進入大自然的恬靜世界。

Emily Chu
朱珮青
著

晨星出版

目錄
Contents

Chapter
1
記錄自然的開始

Chapter

2

觀察手繪筆記

推薦序

　　我喜歡捕捉野生動物的影像，記錄動物的每一個畫面，有時得等上一整天，甚至躲在偽帳中滿頭大汗也常常摃龜。小時候的我，工具書少之又少，更別說 GOOGLE 了，所以我常拿著一本小冊子，看到什麼就記錄下來，這本小冊子到現在還在我的書櫃上呢！偶爾翻出來看，還會回想到小時候發生的趣事。

　　有天，我收到了一套手繪貓頭鷹的明信片，看著看著入迷了，多年觀察貓頭鷹的我，也被這幾張明信片給拐走了。因貓頭鷹而結緣，我以為珮青是個天生就會畫畫的人，有次，在聊天過程中，珮青將她平常手繪的原稿介紹給大家，一張一張的解釋著，大家都說好棒喔！妳的畫都好漂亮，會畫畫真好，這時珮青才說到：「其實我從小沒有學過畫畫，也不是科班出身。」這句話真的讓大家非常震驚，珮青靠著對大自然的熱情，從平日零碎的時間一點一滴累積，並且鼓勵身邊的朋友及孩子們，告訴大家：「畫畫其實一點都不難，從有興趣的地方開始畫起。」看著她神采奕奕的翻著每張手稿，清楚地解說每一次透過觀察所得到的感想，那時我心裡想著，如果這樣的觀察方式，可以變成一本書應該很不錯。

　　某次前往蘭嶼，在等船的空檔時間，突然看到珮青看著碼頭，不到五分鐘就速寫了一張碼頭的風景照，這時才真正的親眼見識到，原來除了拍照，這樣的紀錄方式更是別有一番風味。現代資訊發達後，很多資料網路一查就有，這是什麼動物？馬上就有名字，拍動物更是希望蒐集很多不同的種類，但是拍過後可能

很快就忘了，有了動物名字但卻完全不了解動物的習性，這就失去觀察的意義了。透過珮青的《手繪自然筆記》，可以清楚地看到珮青的觀察角度、觀察方式，了解動植物的特徵，您會發現動物比想像中更可愛，植物比我們所看到的更加深奧，我很喜歡珮青的記錄方式，多面向又生動，且一目了然，讓大家發現原來記錄是一件這麼容易上手的事情。我常鼓勵孩子，可以把親眼看到、聽到的，用自己的方式寫下來，沒有框框，不必想段落、不用管畫風，只要是自己的觀察、自己的記錄，累積下來後，都會是一本獨一無二的自然筆記（就像是我當年的筆記一樣，我可是稱呼它為寶典）。

常說生命不會重來，有些事情現在不做，以後可能也不會做了，因緣際會之下，珮青起了頭，誕生了這本書，而我看著這本書，心裡莫名地為她感到開心。

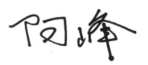

推薦序

　　常常在 facebook 上看到珮青分享的手繪自然筆記，每一幅都是她親身到野地裡做自然觀察後繪製的成果，詳實地記錄，讓人有彷彿和她同遊的感覺。

　　學美術的我是個自然記錄工作者，一直嘗試用各種方法記錄大自然，與大眾分享。攝影是我最常使用的一種方式，但常常拍著拍著，感覺自己都沒有好好觀察被拍攝的生物，畢竟按下快門時是那僅僅幾分之一秒的速度，和被攝物的「連結」相對的少而短促；然而，手繪記錄，卻是幫助我們在野地裡更深入認識與了解一種生物的途徑，因為畫是建立在觀察的基礎之上，你所畫下的每一道筆畫，都得透過眼睛「盯著」那生物才能一筆一筆的描繪出來，而且這過程是相當專注的，你可能以為你在「畫」，其實，更多的部分是「觀察」，因此我相當推崇以繪畫的方式來記錄自然。

　　問題來了，很多人常說：「我又沒學過畫畫、我從幼稚園之後就沒拿過畫筆了……」其實，這都不是問題核心，很多人不敢動筆不是因為沒學過，而是被「美」、「醜」這件事綁架了，我們從小的美術教育，就是由老師個人的喜好來評斷，最後為了學習評量，給出分數，很多人就在受到分數打擊之後，對畫畫敬而遠之，因而失去了這幫助你觀察事物的利器，相當可惜！

　　現實生活中，學習正規美術教育的人僅是少數，「我不是學美術的」只是一個藉口，「筆記」是記錄你的所見，並無美醜

之分呀！珮青就是一個最好的例子，剛認識的時候還以為她也是科班出身，後來才知道手繪功力不俗的她，竟然是學醫學管理，這位自嘲自己所學是在醫院批價掛號的媽媽，靠著後天自學與興趣，畫出了自己的一片天空，甚至還誕生了這本精美的《手繪自然筆記》。

只要你願意拋下成見，克服心中的小惡魔，拿出畫筆，記錄下大自然的美好，基於愛與分享，我想，每個人都可以成為最棒的自然觀察家與畫家！

自然藝術工作者‧自然野趣自然教育工作室創辦人

yi Feng 黃一峯

作者序

　　這本書能出版，我真的很感謝老天爺做的所有安排，一切的緣分是那麼的奇妙。

因為賞鳥，所以買了喜歡的書

　　在十幾年前我開始迷上賞鳥，有一天在書店看到《筆記大自然》這本書，隨手翻了一下，看到其中一頁畫有水鳥的插圖，雖然是簡單的速寫，但覺得好美，或許因為賞鳥是從水鳥開始，看到國外的畫家圖繪我看過的鳥，感覺非常親切，整本書散發著輕鬆自在的感覺，彷彿我也跟著繪者受了一場自然的洗禮，當天便立刻將書買回家，心裡想著「如果有一天我也能畫出這樣的圖就好了」，然後就將書放在書架上「供奉」著。

突然想學畫、遇到好老師

　　之後的日子，我因為結婚生子忙碌的打轉著，也沒有空再去賞鳥，連帶相機被我賣掉，圖鑑也被我打入冷宮好多年，一直到小孩上學之後，我心想，我終於有一點兒空閒時間可以為自己安排想做的事，於是我到文山社大，報名了一堂畫畫課。

　　第一堂課，還記得徐偉老師在講台上說了一段話，他說「社大的學員，沒有要考美術班、研究所，不一定要從素描開始學畫，他建議大家從自己有興趣的主題開始畫畫，因為畫自己有興趣的東西，像不像是一回事，但是這個東西對自己是有感情，有意義的，是比較重要的。」聽到老師這麼說，心裡非常高興，彷彿在畫畫這件事得到了「自由」。於是我開始把許久以前賞鳥時所拍

的照片拿出來，開始看著照片畫鳥，心想，還沒有時間去賞鳥，只好畫鳥給自己看。

一開始，並不是那麼順遂，畫筆總不能隨興控制，一張A 5的紙，用色鉛筆要畫上二個月還畫不完，常常畫到失去耐性，每每想半途而廢，但是老師還是鼓勵我們照著自己的感覺畫就可以，畫畫停停，感覺很辛苦。

新嘗試、同學的介紹和鼓勵

後來，有天社大同學帶來一本只有掌心大的速寫本，裡面是用鋼珠筆隨意畫的小品，有美食等任何想畫的東西，不拘大小及細節，也不用擔心完成度或者構圖，上色或不上色都可以隨興，我看了以後非常喜歡，同學說，妳也可以自己畫一本，我答說依我的程度，怎麼可能？但是，在同學的鼓勵和陪伴之下，我也開始畫起小本速寫，其實只是隨興塗塗，作畫的時間不僅縮短很多，成就感也很高，還可以隨興的上色或不上色，或加上自己的文字註解，感覺更能享受畫畫的樂趣！

畫畫＋賞鳥＝我的自然筆記

經過幾個月之後，忽然想到，我何不將這種風格沿用至畫鳥上呢？一開始先從帶小孩去公園玩時，看到的昆蟲或植物等主題開始，後來慢慢地也將鳥畫入，不過戶外寫生實在太難，鳥或是昆蟲等動植物（風吹下雨出太陽或光影變化）都不受控制，戶外的天候時間地點也很難允許，於是我盡可能的在現場拍了照片，

回家後再看著照片補畫。

　　而這樣又過了數月，有天我站在書架前，《筆記大自然》這本書像是呼喚著我，我又拿起了它，打開書時嚇了一跳，這不是我多年前的心願嗎？我現在竟然有能力畫自己的自然筆記了！心裡非常的高興，原來冥冥之中老天爺自有安排呢！而我從沒想過因為買了一本書而改變了我的生活！

　　這本書能出版，首先要感謝晨星出版社的主編裕苗，謝謝她的欣賞，給了我這個機會，我才能完成第二個心願，再來要感謝鳥會的許多賞鳥前輩和同學們，觀心觀鳥班的張瑞麟老師、黃玉明、許長生老師，帶領著我們全台走透透去賞鳥；一路走來相伴的畫友們（敏芬、碧豔、陳華、春如、翠瑛……）；教我認識並把視野放大到台灣生態、所有動植物的林青峰老師；陪伴我支持我的老公和小孩，還有家人，尤其是婆婆和大嫂，謝謝她們辛苦的打理家裡和體諒，讓我無後顧之憂；還有網路上眾多支持我、幫助過我的朋友們，無法一一詳細列出名字，在這裡一併謝謝大家。

　　最後將這本書獻給我親愛的父母和妹妹。

Chapter

1

記錄自然的開始

進行野外觀察時的服裝與裝備

（一）服裝

上半身以舒適、排汗、方便活動爲主，建議穿著厚度較薄的長袖衣物，不僅防晒還能預防蚊蟲叮咬。夏天時要是覺得穿著長袖衣物太悶熱的人，可穿著短袖衣物搭配袖套，同樣能防晒及預防蚊蟲叮咬，而且休息時只要脫下袖套就很涼快。

冬季時，可採洋蔥式穿法，內層內衣選擇保暖透氣爲主，較不怕冷的人，內層內衣可選擇輕薄即可，中層建議選擇保暖但避免悶熱不透氣的質料，以免一活動流汗造成汗積在身體，這樣一吹到風反而容易感冒，若覺得會冷，建議可穿二件中層或加件背心，以方便調節。至於最外層的外套以防風爲主，避免太蓬鬆或太厚的材質，這樣反而會不容易活動。

下半身的褲子同樣選擇舒適、排汗、方便活動爲主，但建議不要穿著短褲，以長褲較佳。即便是夏天，在戶外行走還是建議穿著薄長褲，以避免蚊蟲叮咬或受傷。我個人喜歡多口袋的排汗褲，因爲便於放置手機、鑰匙等隨身小物，取用時也相當方便。

野外觀察時的服裝

有<u>帽簷</u>的帽子

遮陽，避免昆蟲或是
毛毛蟲掉在頭上。

ㄨ 露背
ㄨ 露肚臍
ㄨ 背心
ㄨ 蕾絲綁帶

長褲
　（ㄨ 緊身褲：不
方便活動，仍
會受到蚊蟲叮
咬。）

布鞋
（ㄨ 夾腳拖
　ㄨ 有跟鞋）

（二）裝備

雨衣：輕便雨衣即可，可防小雨。

外套：以防風、防水爲主，冬季可再選擇具防寒保暖功能的外套，時尚的長大衣或不便活動的外套皆不宜。

鞋襪：布鞋爲佳，以便於在崎嶇不平的步道或山路上行走，若是休閒鞋則宜選擇耐步行的爲佳，若有透氣快乾、防滑等功能更好；包趾涼鞋次之，夾腳拖鞋或有跟鞋的則不宜。

雨鞋：雨天時行走在泥濘地上可防滑、防濕，相當好用，尤其是涉溪或行走在草叢時必備。

帽子：具遮陽功能。圓盤的帽簷比鴨舌帽遮陽部位更大，且可遮到臉頰，也可避免毛毛蟲、昆蟲、蜘蛛網等掉落在頭上或臉上，建議選擇有拉繩的，才可避免帽子被風吹走，有些設計在後腦勺部位會多一片可遮頸的布，以避免頸部晒傷，甚至有些帽頂具透氣孔設計能讓熱氣蒸發，可視需求選購。至於冬季或上高山時則可攜帶毛帽以保暖。

背包：後背包爲佳，以便騰出雙手且方便活動。

手套：若需攀爬山徑可帶粗布手套；冬天時可帶保暖手套。

圍巾、頭巾：冬季時攜帶圍巾可保暖；輕便的頭巾若能習慣配戴也是不錯的選擇。

雨傘：輕便的折傘

水壺：一般的水壺或保溫壺皆可。

手電筒：若計畫進行夜間觀察就必須攜帶。

毛巾：擦汗用。

個人物品：錢包、鑰匙、手機、乾糧、隨身醫藥、個人衛生用品、參考圖鑑等。

PART2 | 自然觀察記錄工具及注意事項

（一）記錄工具

數位相機：單眼相機＋各式交換鏡頭、微距鏡頭、高倍率數位相機（類單眼）、手機、傻瓜相機、潛水防水殼（如有拍攝水中生物需求）。

雙筒望遠鏡：8×25 以上（8×32、8×42）

雙筒望遠鏡口徑較小，重量也較為輕便，掛在脖子上脊椎負擔較輕，若選擇口徑較大者則影像較為明亮、清晰，重量也較重，不宜長時間掛在脖子上，建議可斜肩背或另外購買雙筒用的減壓背帶。

雙筒望遠鏡簡介

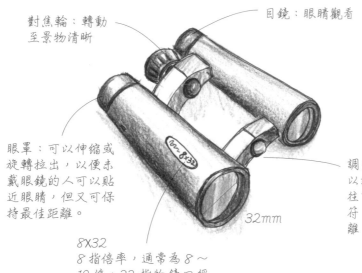

對焦輪：轉動至景物清晰

目鏡：眼睛觀看

眼罩：可以伸縮或旋轉拉出，以便未戴眼鏡的人可以貼近眼睛，但又可保持最佳距離。

調整眼輻：可以讓兩邊鏡筒往下彎折以便符合雙眼距離。

32mm

8X32
8 指倍率，通常為 8～10 倍，32 指物鏡口徑 32mm，口徑越大越明亮，雙筒也會越重。

單筒望遠鏡：非必要，但觀察遠距離鳥類時很有幫助。

筆記本、速寫本、記錄表：記錄觀察到的事物或生物，選擇硬殼本較方便書寫，大小以 A5（A4 的一半）以下較為方便攜帶。特定目的的研究調查可選擇統一格式的記錄表。

在筆記本或速寫本的選購上，建議選擇摸起來有點像影印紙的那種厚度，較適合用來簡略的速寫或上色，還可畫出淡彩的感覺（有些不適合水彩，一遇水紙張就會變形、發皺）。此外，不建議使用圖畫紙，因為色鉛筆混色後不易顯色，畫上水彩後也容易破，若是要畫精緻一點，顏色呈現較為豐富鮮豔且多層次，或是計畫以水彩上色的話，就要買厚一點的紙張會比較容易吸附顏料色粉，通常美術社有各式各樣品牌適用水彩或多用途的本子，剛開始會不知道購買哪一種好，所以得買回來試個幾次，才知道哪種比較適合自己使用。

線圈式：
封面封底硬殼，為厚紙板，
畫畫時較方便拿在手上，
也保護畫本不易破損。

膠裝式：
可以單張取下，方便
直接裱框。

16

畫具：鉛筆、一般的原子筆、中性筆、鋼珠筆（略爲防水不易暈
　　　墨的爲佳）、水彩筆、水筆等。

　・鉛筆：用來打草稿或素描，2B 較爲常用，不會太黑而
　　　　　弄髒紙張，也不會太淡而看不清楚，速寫熟練
　　　　　後，鉛筆打稿也可省略（若要精準描繪物體的
　　　　　外形尺寸，還是可以用鉛筆先輕輕的標明輪廓
　　　　　位置）。
　・鋼珠筆：用鋼珠筆直接打稿，可以有「打稿」（作爲
　　　　　　上色時的邊界依據）和「輪廓示意」（淡彩會
　　　　　　呈現出物體邊界不明顯，描繪輪廓有強調物體
　　　　　　形態、重量感的效果）兩種作用，相當節省時
　　　　　　間，缺點就是畫錯太多會無法修正補救。
　・水彩筆、水筆：水彩筆建議選擇保水、含色效果佳的，
　　　　　　動物性毛（美術社可以買到貂毛、狸毛等）售
　　　　　　價會比尼龍毛高很多。
　・水筆：兩截式，中間可以轉開，半截裝水，輕輕擠壓
　　　　　一下筆管，讓水流到筆尖然後溶解顏料畫在紙
　　　　　張上。

顏料：以個人習慣，色鉛筆或水彩都可以，輕便爲佳。

・色鉛筆：我個人習慣使用水性的色鉛筆，色鉛筆在紙上塗好顏色後，可用水彩筆或水筆加些水溶解，溶解後即具水彩效果，書局賣場常見的品牌輝柏是入門的好工具，溶水效果還可以，價錢也經濟，若不要求溶水，只是乾式的塗繪，則依自己喜好，常見的利百代、雄獅等都行。大面積的塗繪（八開以上）用色鉛筆作畫則會耗時耗力，建議配合水彩或粉彩較輕鬆。

輝柏紅色鐵盒 36 色，經濟
實惠的入門款水性色鉛筆

圓筒款較少見，
攜帶方便。

各大書局、文具店均有販售

・水彩：外出以固體的乾式水彩比較方便攜帶，需要時再加些水溶解，也可以事先把顏料擠到調色盤，等乾了之後再直接攜帶調色盤出門；或是直接買旅行用（攜帶式）水彩盒組，它的設計是把顏料與調色盤（有的甚至附有吸水海棉及水彩筆）合爲一體，攜帶非常簡便，缺點就是調色盤面積比較小，顏色也不多，只能畫小張的圖。

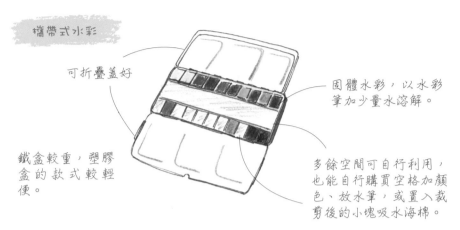

攜帶式水彩

可折疊蓋好

固體水彩，以水彩
筆加少量水溶解。

鐵盒較重，塑膠
盒 的 款 式 較 輕
便。

多餘空間可自行利用，
也能自行購買空格加顏
色、放水筆，或置入裁
剪後的小塊吸水海棉。

圖鑑：鳥圖鑑、蛙圖鑑、昆蟲圖鑑、蝴蝶圖鑑等，以口袋型較爲
方便攜帶。

觀察盒：方便觀察好動的小生物，觀察完畢要記得把牠們放回原
來的地方喔！

（二）注意事項

1. 工具事先操作練習：事前的練習操作，包括雙筒望遠鏡使用、
畫具的使用，多一分熟練，就能避免在戶外使用時手忙腳亂。

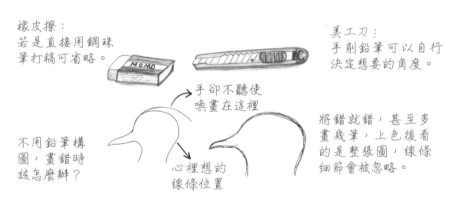

橡皮擦：
若是直接用鋼珠
筆打稿可省略。

美工刀：
手削鉛筆可以自行
決定想要的角度。

手卻不聽使
喚畫在這裡

不用鉛筆構
圖，畫錯時
該怎麼辦？

心裡想的
線條位置

將錯就錯，甚至多
畫幾筆，上色後看
的是整張圖，線條
細節會被忽略。

2. 服從領隊老師的指導及對各物種正確的認識。

3. 自身安全的注意（地圖及路線的熟悉、緊急情況處理）

PART3 | 手繪筆記入門指導

（一）我為什麼要做記錄？

　　由於近幾年來數位相機的快速興起，比起以前拍照時需要等照片沖洗出來才知道自己拍的如何，有沒有拍到主體，甚至是對焦有沒有清楚等，數位相機的確便利不少，只要輕鬆地按下快門，拍得好不好立刻就知道，要是拍攝效果不佳，立刻刪除重拍即可，也不需另外花錢購買底片，甚至到後來利用手機拍照也相當普遍，加上網路分享容易，拍照可說是變成全民習慣了。

　　剛開始我和大家一樣，都是用數位相機記錄，東拍西拍，一段時間之後，我開始想了解身旁常見的野鳥叫什麼名字，那朵花名稱為何？後來，有次因緣際會透過單筒望遠鏡賞鳥，那是我第一次看到水鳥，內心感到相當訝異，原來肉眼看起來灰灰的鳥，在望遠鏡裡竟然如此漂亮，鳥兒身上的那種灰色，是具有層次的，仔細觀察甚至還會發現牠有著細緻的花紋，是種樸素低調的美；鳥兒的眼睛，既黑且深邃，相當澄澈明亮，從此我就迷上賞鳥活動了。

　　之後由於生涯規畫、育兒等因素，不能經常在戶外作長時間等鳥、賞鳥等活動，因此就到社區大學上畫畫課，看著照片畫鳥，等到孩子大一些後才又開始到公園散步，拍些花草、昆蟲，並經常造訪「嘎嘎昆蟲網」查詢資料，後來才知曉原來台灣有如此多種不可思議的昆蟲。

　　後來某天看電視時無意中轉到一個節目，正好在訪問一位研究台灣金花蟲的學者，只記得當時她說：「台灣的金花蟲約有六百種……」，我聽了嚇一跳，可能很多人連「金花蟲」是什麼蟲都不知道，也不知道金花蟲和瓢蟲有什麼不一樣，牠們和我們日常生活又有什麼關連，但牠竟有如此多的種類，甚至還有許多物種沒有被發現，連個名字也沒有，對人類來說幾乎沒有存在感，但牠們可能就因為人類開發，荒地一塊塊消失（因為蓋房子、要經濟建設等），山坡地樹木逐漸被砍伐而就跟著滅絕消失不見。突然間，我覺得實在好可惜啊！若能透過繪畫來轉達自然保育觀念，或許會比用文字來得容易讓人接受吧！於是，我開始練習畫起這些花草蟲鳥，這便是我的記錄開始。

　　我想每個人想畫畫（記錄）的理由一定都不一樣，也許是為了學術研究，或許只是單純喜歡畫畫，喜好植物、昆蟲、鳥兒等，或是想要抒發心情，讓自己在緊湊的生活中有個喘息的片刻，又或者是基於好奇心，想長期觀察某些生物之類等，無論是何種理由，在不傷害生物的前提下，大家都可以透過拍照或畫畫甚至是其他方式來作記錄，經年累月之後，這些都是相當珍貴的資料，而這些記錄也不一定要公開，它可以是很私人的心情札記，不用理會文字寫得不好或畫的不夠好，只要一開始動筆，你就會知道，當你專注在眼前事物，不論時間長短，甚至只有幾分鐘也行，完成後的那種成就感與滿足感，便吸引你一再嘗試去投入。

（二）如何尋找題材

從觀察自身周遭環境開始：

有樹木嗎？（是一棵樹、兩棵樹、一整排樹還是森林？）

有草地嗎？有花朵嗎？有遠山嗎？有溪流嗎？天氣如何？

尋找感興趣的事物：

比較喜歡植物？花卉、昆蟲、蝴蝶、小鳥，還是風景？喜歡單純享受寧靜的氛圍，還是探索發現新事物？或是與同行友人的經驗交流？

有沒有令你印象深刻的事物，引發你注意力的事物？

是從未見過、不認識的小生物，還是熟悉的生物卻有新的發現？是什麼特質吸引你？顏色鮮豔？長相奇特？動作行為？

從簡單開始：

若選擇以繪畫作為記錄的方法，建議從外形較簡單的開始；若是選擇以相機記錄或是文字寫作記錄，甚至是其他記錄方法，則不在此限。

（三）記錄時的重點

基本資料：

- 日期、時間：寫下觀察當天的「年月日」，最好也能寫下確切幾點幾分或大約的時間（清晨、黃昏、或中午吃飽飯後等），一來是為了解何時發生的事？日行性或夜行性？由月分也可得知季節，大略推算氣候或氣溫；二來日子久了，翻閱過

去的記錄也能爲資料做初步的歸納，記錄的愈詳盡，則愈能提供學術上的研究；概略的記錄，則可慢慢培養個人的季節感或對環境的敏銳度。

· 地點：和時間一樣，可以寫的很精確，甚至也可以寫出 GPS 定位座標，也可只記粗略的大範圍，端看個人自由，主要是爲了了解生物出沒的地點，也可記錄周遭的棲地環境（草原、平地、公園、森林、溪流等）。

· 天氣：晴、雨、陰天，或是連日雨後的放晴、雲霧籠罩等。

· 溫濕度：可以精確的寫幾度，也可主觀的描述冷或熱、潮濕、悶熱，或是乾燥涼爽等。

· 風量、海拔、潮汐、月相：吹東北季風？海拔高度？漲潮中還是退潮？甚至農曆幾號、月相如何等，都能記錄。

外形外觀與文字記錄：

若能一邊觀察生物，一邊描繪是最好的，不過野外寫生常有許多限制，例如天候因素（太冷、太熱，刮風下雨等）；人員因素（團體行動無法在同個地點停留太久）；生物環境因素，鳥飛走了，蟲跑走了，天氣變化，風雲變色，日出日落等，我個人習慣通常是在現場先拍照，以便作爲日後畫圖的參考依據，即便現在數位相機非常方便，想要拍攝目標物（比如拍鳥）也不是太容易，所以縱使現場所拍攝的照片是很重要的參考，但不要完全依賴相片，因爲個人主觀的觀察才是記錄的重點，照片則是輔助。舉例來說，

我今天看到一隻翠鳥，並不是只畫下翠鳥的樣子就好，我會盡量增加個人的觀察在裡面，例如在哪裡看到，是溪流還是池塘？看到翠鳥時牠作了什麼行為？急速飛過、佇立不動，還是正在捕魚的過程？警戒或求偶？有無鳴叫？我看到牠有什麼感覺與想法？覺得牠的嘴比例很大？顏色很漂亮令人感到驚豔？或是觀察翠鳥時發生了什麼其他的事，其他人說了什麼印象深刻的話？甚至隨興、隨心所至的想法都可以記錄下來，或是用繪畫來說明，畫不出來的，也可沖洗照片來作剪貼或是貼物種貼紙，解說折頁的圖也可以參考作畫或剪貼利用，在一旁用自己的話註解，這樣比只有畫一隻翠鳥來得生動許多，而且是加入了自己的觀察與感想。若不是為了學術研究，盡量不要只寫物種的基本資料，像是體長幾公分，特徵等。圖鑑上所寫的或是從網路 GOOGLE 來的資料只要參考就好，否則會給人複製貼上的感覺；不需長篇大論，用自己的話就算一句也好，這樣一來，獨一無二的記錄就完成了，日積月累下來，一本富有濃厚個人色彩且格外珍貴的生態筆記就完成了，這是實地親身體會感受的滿滿收穫，用再多金錢也買不到的喔！

Chapter

2

觀察手繪筆記

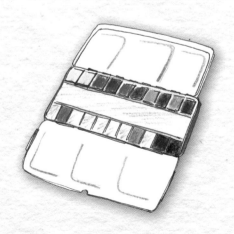

PART

1

福山植物園

最美的自然生態教室

「福山植物園」號稱是野生動物的天堂，位置在北台灣低海拔山區，由哈盆溪流貫全區（爲南勢溪上游），剛好是宜蘭縣與新北市烏來的交界處，每天有限制人數進入，需要事先上網申請，申請通過後才能進入。因爲有該項管制措施，每日可保持適當的承載量，再加上裡頭的環境也盡量減少人爲設施，不設置餐飲和供應住宿，所以在平地難得一見的野生動物，來到這裡都有機會遇到，然而，野生動物其實是很畏懼人類的，因此還需要點好運氣才能夠遇見。

　　我在冬天來到福山植物園，沿著台7丁線道即會抵達管制哨，核對身分證後開車前行還要大約四公里才會到達植物園門口，在聽完導覽志工簡單的介紹後，便沿著步道來到水生植物池。

　　據說福山植物園一年有三分之二的時間都是霧氣遼繞，經常飄著毛毛細雨，若是你來到福山可以看見藍天白雲倒映在水池的美景，那還眞是件不容易的事呀！

　　冬天的水生池裡有許多野鳥，像是紅冠水雞、小鸊鷉、花嘴鴨、鴛鴦等，牠們可都是野生的，有些長年居住在這裡，據說鴛鴦和花嘴鴨本來不是留鳥，後來卻在此地落地生根，春、夏繁殖季時還會築巢繁殖。看來在隔年春、夏之時，我勢必得要再來一趟才能看到雌鴨帶小鴨、小鸊鷉背幼鳥的畫面吧！

鴛鴦

鴛鴦表示……

匹匹匹匹……

小鷿鷈

呱呱呱……

花嘴鴨

紅冠水雞

嗤嗤嗤……

不是水裡游
的都叫鴨子

名稱	小鸊鷉	鷺鷥	花嘴鴨	紅冠水雞
體型	小	中	大	小
潛水	○	×	×	×
划水	○	○	○	○
飛行能力	短距離	可長途、跨國	可長途、跨國	短距離
吃什麼	魚蝦	昆蟲、蛙類、草籽……	水生植物、藻類、螺類…	雜食性、水草、蚯蚓、嫩葉、水生動物
羽色	雌、雄同（夏天較鮮豔）	雌、雄不同（雄鳥冬羽似雌鳥）	雌、雄同（冬、夏同）	雌、雄同（冬、夏同）
繁殖	開闊及較乾淨的水域	樹洞	濕地	濕地

| 小鸊鷉 |

　　「鸊鷉」這兩個字讀音為「ㄆㄧˋ ㄊㄧˊ」或「ㄆㄧˋ ㄊㄧˋ」，把小鸊鷉三個字念快一點，一不小心就變成「小屁屁」啦！牠不是鴨子，雖然也會在水裡游，然而牠自成一科（鸊鷉科）。牠的嘴有點尖尖的，不像鴨子是扁扁的，牠能潛水捕食魚蝦，然而鴨子們並不會潛水，也不會吃魚蝦。由於牠需要潛水、划水，所以兩隻腳長在身體後側，就像是螺旋槳一樣，不過上了陸地後重心就不太平衡，不太好走路，因此很少看到牠上岸，也就難得有機會觀察到牠的腳趾。若有機會，你可仔細觀察，牠的腳趾有著像荷葉邊一樣的瓣蹼，不像鴨子們的腳趾是全蹼的喔！

　　我在很多地方都看過牠，只要是流動的水域，水質還算乾淨，無論是溪裡或河裡，或者是大一點的水池魚塭，都有機會看

（充滿空氣）
<u>蓬鬆的毛像羽絨衣一樣保暖</u>

尾脂腺發達
所以防水

腳在身體後
方，像船槳的
作用，划水快
速。

一次下潛約 10～20 秒
● 鸕鷀潛更久，因為羽毛不防水。

鴨子　　　　　　　小鸊鷉　　　紅冠水雞

（全）蹼　　　　　瓣蹼　　　　　無蹼
擅划水　　　　　划水　　　　　腳趾很長
濕地行走　　　　擅潛水　　　　擅浮葉上行走
（ㄨ潛水）　　　（ㄨ陸地行走）　（ㄨ潛水）

到牠的蹤影，但是要用單筒望遠鏡觀察或拍照可就不太容易，因為牠潛水功夫可說是一流，常常在水面上看到牠載浮載沉的游著，才幾秒鐘，忽然就潛下水不見蹤影，只看到一圈圈的連漪，然後一會兒又從池裡遠遠的地方冒出來，反覆的下潛、浮起來，下潛又浮起來，好像跟你玩潛水捉迷藏一般；雖然牠身材看起來有點圓胖，但遇到緊急狀況或是要逃命時，也是會做短距離飛行，只不過牠需要助跑一段距離才飛得起來！

水池裡生長著許多珍貴的水生植物 —— 台灣萍蓬草，乍看之下好像沒什麼特別，和睡蓮有點相似，葉片平貼著水面，花朵突出水面開花，黃色的花頗為鮮豔討喜，但想不到它竟是冰河子遺物種，也是台灣的特有種植物，在野外已經很難找得到它的蹤影（非公園生態池人工栽培）。經過水生池之後走到蝙蝠亭，夏天時有為數不少的台灣葉鼻蝠在此避暑。不過現在是冬天，牠們不知移居何處避冬去了，看來又增添了夏天再來一次福山的好理由囉！

| 樟櫟天地 |

　　來到福山植物園，植物當然是主角，樟櫟家族可說是中海拔闊葉林的重要成員。

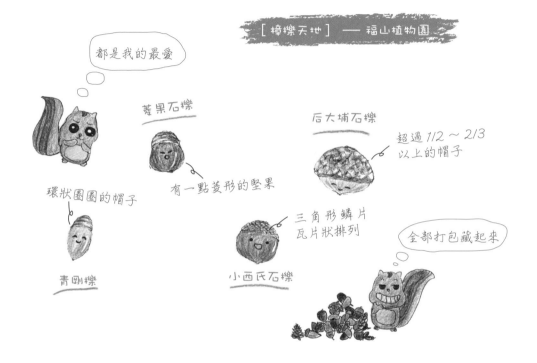

　　若是不趕時間的話，慢慢地散步在園區內，隨時都有機會遇見台灣最小型的鹿科動物──山羌。

　　當我看見牠在草地上覓食時，掩不住心中的驚喜，趕忙蹲低身子，拿出相機記錄牠的身影，雖然牠並沒有抬頭，但卻知道我的存在，不到幾秒鐘牠就愈走愈遠沒入草叢中。

熱鬧的清晨，動物們紛紛出來吃早餐，但
是和我們保持相當遠的警戒距離。

山羌悠閒的吃草，約
莫吃了一個多小時。

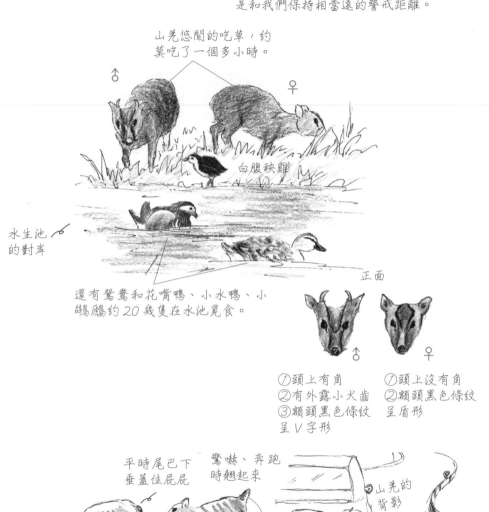

白腹秧雞

水生池
的對岸

還有鴛鴦和花嘴鴨、小水鴨、小
鸊鷉約 20 幾隻在水池覓食。

正面

♂
①頭上有角
②有外露小犬齒
③額頭黑色條紋
　呈 V 字形

♀
①頭上沒有角
②額頭黑色條紋
　呈盾形

平時尾巴下
垂蓋住屁屁

驚嚇、奔跑
時翹起來

山羌的
背影

露出白毛

用眶下腺磨蹭地面
以留下氣味

往福山植物園的路
邊就會遇到山羌

山羌頭骨♂

- 山羌是鹿科，不是羊，羊→牛科
- 台灣唯一牛科動物（原生的）特有種——長鬃山羊
- 山羌叫聲像狗吠

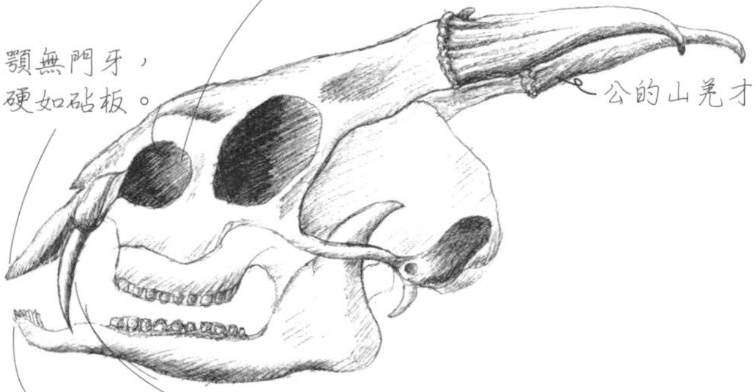

「眶下腺」分泌物，會塗抹樹幹標示地盤。

上顎無門牙，堅硬如砧板。

公的山羌才有角

下排門齒有8顆，如菜刀般切斷植物。

上犬齒：公的才有，會外露，像小獠牙，非常地尖銳，鋒利如刀子。

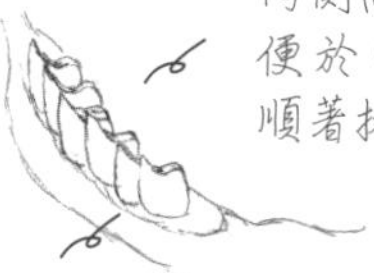

內側高、外側低，便於由外側把草順著捲進嘴裡。

山羌下排左側牙齒
（示意圖）

比較：

① { 鹿的角會分叉
     羊、牛的角不分叉

② { 鹿的角是實心的
     羊、牛的角是空心的

③ { 山羌的角每年脫落重新生長
     羊、牛的角只長一次，掉了就沒有

④ { 鹿科公的才有角
     羊、牛公母都有角

| 繽紛世界 |

　　在福山植物園，其四季都有不同的植物開花和結果，想要
認識植物園裡全部的植物實在不可能，植物的世界太龐大了，種
類之繁多，以致於讓我感覺到自身就像是一隻螞蟻站在圖書館門
口那樣渺小無知。

福山植物園

 植物的故事多到講不完

九芎 原生種
↓
白花

跟紫薇很像（園藝）
開粉紅、粉紫花

土肉桂 特有種

對，就是那種作香料的肉桂，不過現在大
多是進口的，其實本土如果推廣也很讚！

聞起來有濃濃的肉桂
味，嚼起來先甜後辣！

第一次嚐到這種特殊
口味（嘴尾回辣）

葉面深綠色，
油亮亮的。

• 九芎別名很多，因為樹
皮光滑，又叫「猴不
爬」或「猴難爬」。

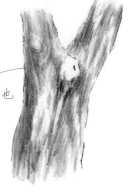

滑溜溜的（也
有點脫皮）

三條明顯的葉脈→三出脈

• 用手撫摸樹幹時樹梢會震
動，又稱「癢癢樹」。

| 山芙蓉 |

山芙蓉又稱「三醉芙蓉」，
據說一天可以變三種顏色。

早上是白色，花也
蠻大一朵，約半
個～一個手掌大。

中午的時候變
成淺粉紅色

秋、冬開花，從
平地到中海拔算
蠻常見的。

葉子是五邊形

果實爆開也像一朵乾燥花

傍晚要謝的時
候變成深紅
色～桃紅色

每一顆種子都有毛
緊緊包覆，在太陽
照射下閃閃發光，
好美。

| 冷清草 |

冷清草，其實一點也不冷清，
每每總是長成一大片，密密的，
像地毯一樣覆蓋在低海拔森林的底層，
再加上11月了還在開花，
熱鬧了原本蕭瑟的秋冬森林。

真的，一點也不冷清呢！

有一點鋸齒，
葉尾有一點尖
又長。

花很小，白色，密
密的長在枝條和葉
的交接處。

　　走得有點累了，來到一處涼亭歇息，拿出背包裡的簡便飯
糰，一邊吃著，一邊享受山裡的寧靜時光，忽然餘光瞄到，遠處
草地上似乎有什麼鳥類跳來跳去，這時趕緊放下飯糰，拿出相
機，把倍率放到最大，充當雙筒望遠鏡一看，啊！是「白腹鶇」。
牠不停的用嘴翻動落葉，東挑西撿的。我雖然想拍張照，卻礙於
牠一直跳來跳去，很難將牠快速移動的身影捕捉在視野裡，加上
陰暗的樹蔭下快門太慢，很難對焦，心裡一直祈求牠：「跳到有
陽光的地方吧！」牠彷彿聽見我的心聲，終於跳出來了，但卻是
跳到樹後面去，嘖！牠不肯賞光我也只好打消念頭，還是繼續吃
我的飯糰吧！

白腹鶇

金黃色
的眼圈

頭呈深灰色

最喜歡用嘴翻找落葉堆
裡的小蟲或蚯蚓來吃。

鶇科的鳥，翅膀
有點下垂。

像麻雀一樣跳動

　　其實有時候，不一定要親眼見到野生動物在面前走過，靠
著仔細觀察周遭環境，也能證明野生動物來過這裡。

是誰來過這裡？

在野外要碰巧遇到野生動物可不太容
易，但跟著生態老師觀察動物留下的
蛛絲馬跡，使得我以為荒蕪的野地，
突然之間便成野生動物的家（←本來
就是）。荒野，其實處處生機。

目測？寬度 30 ～ 50cm

目測？隆起高度 15cm

被山豬拱過的地方呈不規
則波浪狀隆起的土堆

樹幹上包著一球像蜂
窩的東西→「舉尾蟻」
的巢，也是穿山甲最
愛的食物之一。

垂直的抓痕
約 20 ～ 30
公分，穿山
甲的爪痕。

草地上長條不明顯隆起
是「鼴鼠」的地道

樹木公寓

在福山植物園裡隨處可見

我要陽光

UP！UP！

多半為闊葉林的樹種

落葉多

書帶蕨：長在山蘇花下面，利用別人積存的養分來生長。

崖薑蕨

這兩種蕨類離開了土地，只好自己長出長長的葉片，攔截半空中的落葉、灰塵當養分。

抱樹蕨

山蘇

書帶蕨

長葉腎蕨

為了爭取更多陽光，某些蕨類選擇到半空中生長。

40

　　福山植物園的氣候終年濕潤，對於眼前許多高大的樹木，很難不去注意到上頭長著各式各樣的蕨類和附生植物，像是山蘇和崖薑蕨等，然而除了山蘇和崖薑蕨外，其實還有超過二十～三十種以上的附生植物生長著，然而這些植物有著各自的生存策略和繁衍機制，著實令人讚嘆它們的智慧。

筆筒樹葉子掉落後，會
在樹幹上留下一個個葉
痕。

桫欏

桫欏葉子不會脫
落，會下垂像裙子。

| 繡眼畫眉洗澎澎 |

　　難得在多日陰雨的天氣之後今天終於放晴了，一反多日濕冷的天氣型態，大地在作過日光浴後，變得和煦又溫暖，這樣的溫度讓鳥兒們按耐不住，紛紛下水圖個清涼。

1. 一隻隻繡眼畫眉，先是在草叢灌叢中張望。

白色的眼圈

灰色的大頭

3. 像個陀螺似的旋轉，噴濺出小水花，3秒鐘後就洗好戰鬥澡，換下一隻⋯⋯

2. 然後跳到小石頭旁，再很快速的跳入水中。

　　或許也是這樣的契機，讓食蟹獴也忍不住出門蹓躂一下，
而讓我們幸運的記錄到牠的蹤影！

＝棕簑貓

奔跑＋跳躍

● 像松鼠般身手矯
捷的飛奔進草叢

● 第一次到福山植物園就遇到
食蟹獴逛大街，真是太幸運了！
LUCKY!

雖然是日行性，
但也很少見呢！

臉頰兩側有白色
毛（兩撇很長）

粉紅色的鼻
子，好可愛。

身上的毛感覺有
點粗＋蓬，像松
鼠毛的樣子。

心
跳
一
百

● 完全沒料想到的場景，兩隻
食蟹獴一大一小，一前一後的
朝我們靠近，面對我們擋住牠
們的去路，似乎有些不高興，
其中一隻對著我們抗議了幾聲
後，很快的決定還是離我們遠
一點好，迅速奔入草叢中。

| 散步中的竹雞 |

　　竹雞們三五成群，悠閒的漫步在草地上，同行的家人告知我時，我也嚇了一跳，與平常其他地方總是看到竹雞神經質、緊張兮兮、鬼叫鬼叫的模樣很不相同，

　　推薦大家非假日時抽空來享受一下低海拔森林的最後一塊淨土，來看看野生動物們在野地裡怡然自得的模樣。

竟然走在沒有什麼
遮蔽的短草地上

像一般養的雞採用
同樣的啄食方法

鵂鶹

台灣最小的貓頭鷹，人稱小葫蘆。

16 公分

圓圓的頭，好多的白色
斑點，頭身比例約 1：1.5
（憑感覺），感覺頭的
比例蠻大的。

身上（胸腹）
水滴狀斑點

站立突出的樹
枝，無遮擋。

• 離開福山植物園後沒多久，便接到老師來電說有「鵂鶹」，因此立馬火速飛車趕回去，老師也太厲害了，一邊開車還能瞄到樹上的貓頭鷹！（危險駕駛，請大家注意安全）

• 大概是我們一群人圍觀太久，於是轉身過去背對我們。不過牠也很給面子，停留將近一小時才飛走。

唯一背面有假眼
的貓頭鷹

→欺敵

兩團黑色的斑點

45

PART 2

台北植物園

都市綠寶石

在車水馬龍，高樓大廈林立的台北市中心，台北植物園可說是一處難得的鳥兒休息站，也是賞鳥人不可錯過的好地方。植物園有好幾處入口，我通常由離荷花池最近的入口進入。若是春、夏之際來到這裡，映入眼簾的是滿滿一池搖曳生姿的荷花，池邊的長廊總是擠滿著人，有人是專程來拍攝荷花，有些則是架著畫架寫生，更有許多遊客來這欣賞荷花並與這片花海拍照合影留念。

一旁草地上的麻雀是大家最熟悉常見的野鳥，但也是最容易被大家忽略的。

麻雀

快速的啄食

總是成群結黨的活動，整天吱吱喳喳的喧鬧不休。

用跳的移動

紅冠水雞總是在池子裡游動穿梭著，有時還會看見紅冠水雞親鳥領著一群剛出生沒多久，看起來黑嚕嚕彷彿黑麻糬般的幼鳥游著；不明究理的人還以為是鴨子，其實牠們的腳沒有蹼，跟鴨子完全沒有親戚關係喔！

紅冠水雞亞成鳥

全身棕褐色，
或是背部較呈
深褐色。

根本不紅，或是
要紅不紅的顏色。

紅冠水雞

紅色的額板非常醒目

紅色小短褲

腳趾是一出
生就很長

腳趾很長，便於在荷
葉上行走。

頭頂有一點
禿，露出皮膚
的顏色。

不是鴨子，但是也能在
水裡游的很好。

全身黑嚕嚕

紅冠水雞幼鳥

紅冠水雞成鳥

49

夜鷺則老神在在地在荷葉中緩步慢行，有時則一動也不動的注視著水面，完全無視旁人的存在。

夜鷺

↘ 暗光鳥（台語）

頭後有 2～3 根長長的飾羽

眼睛是紅色的（虹膜）

乾枯的荷莖

體型頗大
58～65cm

脖子很短，而且總是縮著。

小白鷺穿著一身美麗的白婚紗，在一旁靜靜佇立著，等著一不留神的小魚靠近，再以迅雷不及掩耳的速度啄食水中小魚；而在荷花池裡還有隻鳥兒和紅冠水雞一樣背上看起來黑嘛嘛的，總是行走在葉片遮蔽處，牠就是個性害羞的白腹秧雞，不過偶爾牠也會出人意表大方的在水泥護欄邊走秀。

剛開始賞鳥時，我以為小白鷺長大→中白鷺長大→大白鷺

錯誤！

小白鷺、中白鷺、大白鷺是鷺科中，不同鳥種的野鳥。

嘴是黑色的

腳趾是黃色的

白腹秧雞

晨昏時容易聽
到牠「苦哇！苦
哇！」的叫聲

走路時尾巴會
翹一下翹一下
的

和紅冠水雞一樣，
有長長的腳趾，但
卻很少看到牠在水
裡游。

　　若刻意忽略園區內遊客的交談聲，眼力和耳力較好的人或許能聽到五色鳥發出「咕嚕嚕～」彷彿是漱口水的喉音，又像是敲木魚的節奏般在樹頂鳴唱著，聲音傳得老遠，所以很難鎖定牠的蹤影，到底是在哪棵樹的頂端。

五色鳥

堅硬的大嘴
可以鑿樹洞

黑　黃

藍

紅

綠

綠繡眼習性就與五色鳥不同，總是成群出現，像是一群嬉鬧的小朋友，發出清脆的啁啾聲，牠們經常就在比人高一點的樹上穿梭跳躍著，一會兒從這棵樹跳到另一棵樹，非常熱鬧。

綠繡眼

以各種姿勢在樹上跳來跳去，非常輕巧靈活。

林間傳來「嘎嘎嘎～」低沉又粗啞的叫聲，似乎有兩～三隻鳥兒飛過頭頂，長長的尾羽總是格外引人注意，原來是樹鵲在鳴叫。有時樹鵲還會飛至地面和珠頸斑鳩一起啄食種子，但是牠們警覺性較高，並不會在地面停留很久，也不太和人類親近，啄了東西馬上就飛走。

樹鵲

頭頂呈灰白色，這可不是反光也不是禿頭喔！

喜歡「嘎嘎嘎～」邊飛邊叫

尾羽蠻長的

與人類保持距離，但是頗機靈，會察言觀色趁機咬走土司或好料。

翅膀兩側有白斑

我是金背鳩

羽毛邊緣有圈
橘黃色，所以
叫「金背」。

我是鴿子

我是珠頸斑鳩

脖子是黑底白
點，所以稱作
「珠頸」。

鳩鴿科

　　有時運氣好的話，還可以看到翠鳥停在荷葉下方的莖或是蘆葦枝條上，比起其他地方的翠鳥，園區裡的翠鳥和人類間的距離可說近很多，還能仔細觀察是翠鳥帥哥還是抹口紅的翠鳥正妹。

翠鳥

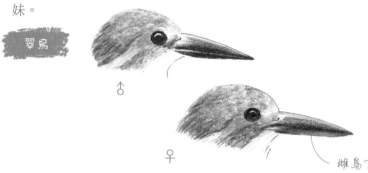

♂

♀

雌鳥下嘴喙呈橘紅色

　　受不了夏日灼熱的陽光，則可以往木棧道走去，漫步在木棧道裡感覺涼爽許多。通常來到這裡，可以觀察到赤腹松鼠從兩旁高處的樹枝往樹幹上垂直來回奔跑，見到遊客靠近，則快速地從樹幹往欄杆扶手上一跳，不管是大朋友還是小朋友們看到牠們，莫不驚呼「松鼠耶！」、「好可愛喔！」然而這些野生動物會有主動靠近人類的行為，主要是因為人們看到松鼠可愛的模樣總是忍不住拿花生、餅乾、土司、麵包等餵食牠們，長久下來便養成牠們向人類親近、主動索食的壞習慣，因此建議大家還是遠遠地欣賞牠們就好，盡量不要主動餵食野生動物。

赤腹松鼠可愛又無辜的眼神，深受大小朋友的喜愛。

　　在木棧道兩旁樹蔭下，仔細搜尋的話會看到一隻鳥兒一動也不動的站著，第一次看到牠的人很容易誤認為牠是假鳥，若你這麼想那麼還真中了黑冠麻鷺的計策，表示牠的擬態非常成功，足以騙過人類的雙眼。

黑冠麻鷺

藍色的眼影好漂亮

我不是夜鷺,我不吃魚,更不吃土司喔!

你看不見我!你看不見我!你看不見我!

走過木棧道後,右手邊往溫室方向,在其周圍的高大樹木上仔細找找,或許能觀察到鳳頭蒼鷹正俯視著的姿態。

猛禽總是高高在
上，一副睥睨天下
的姿態。

當猛禽出現時，所有的小
型鳥都會驚慌大叫，警告
同伴快走，只有大卷尾或
喜鵲一類的鳥才會在旁若
無其事的樣子。

　　而在溫室外圍花圃種植有不少蝴蝶食草植物，水池裡還有
在野外難得一見的三級保育類動物 —— 金線蛙。

搭肉刺

搭肉刺葉背

密集恐懼
症慎入

亮色黃蝶幼蟲

嫩葉帶一點
肉紅色

蝴蝶媽媽一次可
產下不少卵，幼蟲
也群聚啃食葉片。

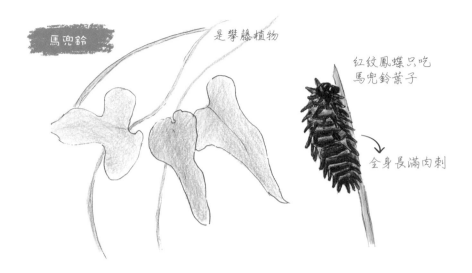

馬兜鈴

是攀藤植物

紅紋鳳蝶只吃
馬兜鈴葉子

全身長滿肉刺

金線蛙

（生活在農田、菱角田、荷花池或者茭白筍田等，現
因農藥等化學藥劑大量使用，在野外已非常少見。）

背中線其實是
綠色的

金線在側邊

　　從左手邊再往前走一點會看到古蹟「欽差行臺」行館，通
常在其兩側常有賞鳥或是拍鳥人聚集。而這裡比較常出現的是鵲
鴝和黑枕藍鶲。鵲鴝叫聲婉轉特別，較不怕人，常停棲在光溜溜
的枝條上，或是乾脆大方的站在水泥柱植物解說牌上。至於黑枕
藍鶲就比較怕人，常常在樹葉茂密陰暗處活動，叫聲彷彿「回回
回～」的口哨聲，全身呈藍色，辨識度極高，但是飛行動作也很
快。

鵲鴝

尾羽常常翹高高

叫聲婉轉多變，早期被引進
為籠中鳥，後來逸出在公園、
校園等環境生活下來。

黑枕的由來

黑枕藍鶲

雄鳥全身寶藍色，像是
森林小精靈，在樹林陰
暗處飛來飛去，在野外
想看牠，得先做好預防
蚊蟲叮咬的心理準備。

　　地上的落葉堆裡，常見有鳥兒跳來跳去，用嘴在落葉堆裡
翻找東西，這是秋、冬季節才會出現的候鳥 —— 鶇科，牠們主要
是吃蚯蚓及小蟲子。

全身灰褐色,和周圍環境融為一體。

有一點金黃色眼圈

用嘴撥找落葉一陣子,突然抬起頸挺直身子,接著再低頭繼續覓食。

　　從「欽差行臺」行館往左邊走去,會經過一座小橋,水池裡的小島上,夏天常有鳥兒在此排隊等著洗一個清涼,甚至鳳頭蒼鷹也不例外。再往右邊則會經過十二生肖植物區,看看有哪些植物和生肖有關也頗為有趣。但是春、秋過境期間,樹上的柳鶯、鶲科和鴝科的野鳥才是賞鳥人真正感興趣的。

極北柳鶯

淡黃色的眉線

動作非常敏捷好動,比綠繡眼還輕盈,運用雙筒望遠鏡找尋都不太容易。

全身呈淺灰褐色，不怎麼鮮
豔，但卻是從北方飛來過冬
的冬候鳥。

腹部有一條條縱紋

喜歡站在高高的突出
物或是枝條頂端。

黃尾鴝♀

全身也是呈黃褐
色，雖不鮮豔，
但卻有一種可愛
秀麗的氣質。

翅膀上
有白斑

冬天常把羽毛弄得
蓬鬆，看起來鼓鼓
像顆球似的。

暗紅色的尾巴常
會上下抖動

　　再往前行來到岔路處，往左前行則會來到水生植物區，這
裡是觀察常見蜻蜓的好地方。往右繞一圈，若看到許多斑蝶科蝴
蝶總是留戀不去，那一定是澤蘭科植物的開花季節。

　　台北植物園地理位置交通方便，且園區內物種豐富，是都
市裡的一顆綠寶石，值得一年四季前往探訪的好地方。

杜松蜻蜓

霜白蜻蜓

金斑蝶

小紋青斑蝶

PART

3

賞鳥的天堂

大雪山國家森林遊樂區

初春，走在小雪山往天池的步道，當時氣溫是 19℃，這對 2600 公尺高的海拔地區來說是相當暖和的氣溫，不知如此宜人的氣溫是否算是常態。一邊漫步在步道上，陰陰的天空彷彿要下雨的樣子，卻又不時雲散風清露出迷人的陽光，透露出高山上的天氣是如此變幻莫測。

這時親切的生態老師開始領著我們，教導如何在野外辨識動物的蹤跡。首先是排遺（白話來說就是大便啦～），認識排遺就能得知有哪些動物曾經來過這裡，吃了些什麼食物，牠的健康狀況如何等，因此，觀察動物排遺，等於也是間接認識牠們的一種方法。

在台灣，有不少動物屬於夜行性，因此在白天很難見到牠們，或者是有些動物生性害羞，比較懼怕人類，也就不是那麼容易能親眼看到，而這時，觀察排遺就能得到很好的資訊。

其實，一開始心理還真有點排斥，畢竟在都市裡看到馬路上的大便總是習慣繞道或大步跨過，對於貓、狗大便簡直是避之惟恐不及，從不曾想過要湊上去仔細研究觀察一番，然而這時，我們卻像尋寶遊戲般在步道兩旁的草地上搜索著，不過在我們勤奮的觀察下，終於陸續發現了山羌和台灣野山羊的排遺。

山羌和台灣野山羊都是素食主義者，所以牠們的大便一點都不臭，甚至用手指揉開後湊近一聞，會發現是草（植物纖維）的味道中夾帶一點點騷味，通常「新鮮」的排遺味道會比較明顯。從外觀上來觀察，山羌的大便是幾顆黏成團狀；台灣野山羊的則是一粒粒散開狀，兩者的大小都差不多。

　　提到從動物的蹤跡來辨識動物，除了排遺外，我們還可以從腳印來觀察，像是這次我們就在一處乾涸的水塘邊發現山羌和台灣野山羊的腳印，而且很幸運的，這個腳印還相當完整。因為從年初到現在，幾乎都沒下雨，使得原本的小水池漸漸乾涸成泥灘，這就讓前來的動物們如同印模子般，留下清淅的腳印。

　　據說，以前有經驗的獵人還能從腳印深淺來判斷獵物的種類、大小、是否成年等，藉以製作合適的陷阱。時至今日，多半使用獸夾，而且不論種類大小，一律通殺，若沒有巡山員經常巡視，那麼被獸夾夾住的動物通常就會痛苦而死，之後就會腐爛在野地，令人相當不捨。

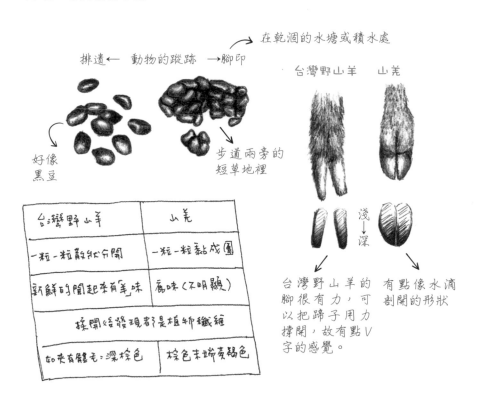

在乾涸的水塘或積水處

排遺 ← 動物的蹤跡 → 腳印

台灣野山羊　　山羌

好像黑豆

步道兩旁的短草地裡

淺↓深

台灣野山羊	山羌
一粒一粒散狀分開	一粒一粒黏成圈
新鮮的聞起來有羊味	羶味（不明顯）
採開後發現都是植物纖維	
如夾有體毛：深棕色	棕色末端黃褐色

台灣野山羊的腳很有力，可以把蹄子用力撐開，故有點 V 字的感覺。

有點像水滴剖開的形狀

在往天池的步道上，一直有種鳥時而在樹上跳來跳去，時而在灌叢裡「窸窸窣窣」地鑽來鑽去，一會兒在步道上撿食人們棄置在地上的各種豆子，一會兒又在樹上吃著紅通通的小果子，我一方面開心地拿著相機捕捉牠們的身影，起碼這是保證班的鳥種，這趟上山不會摃龜空著記憶卡回家，一方面卻又擔心鳥兒這麼不怕人到底是好事還是壞事？好像我們終於也可以和野鳥們很親近，就像去國外旅遊時的場景，有成群的海鷗在港口邊休憩，或是綠頭鴨游著靠近向人們索食，又或是烏鴉丫丫丫地叫著，整排停在超市停車場的電線上那樣，我們也是有鳥兒如此願意和人類親近，一點也不懼怕，甚至使用手機就能拍到牠們的身影。然而，這些看似與野鳥親近的表像是否也代表著人們已經改變牠們的食性？甚至改變牠們的個性？這對野生動物來說並非好事，或許還有可能牽涉到食物鏈與高山生態系的改變或影響，人類實在不宜輕易的干擾野生動物比較好，我始終這麼想著。

金翼白眉　特有種

↘ 台灣噪眉

眼睛上下有白色眉線及頰線

步道兩側均為玉山箭竹

兩側翅膀都有金黃色的羽毛

距離 1 公尺

紅色的小果是玉山假沙梨

被剪平的短草地

- 中、高海拔的鳥不太怕人，叫聲婉轉多變。
- 往天池的步道上均見其蹤影（1～5隻）

或已被人們餵食而改變食性

- 往天池的步道上，許多金翼白眉在地上撿食人們丟棄一地的豆子。

紅豆、綠豆、黃豆

66

在步道上行走時，我們除了找尋動物「大便」外，也搜尋著其他動物的「蹤跡」。領隊的生態老師是經驗豐富的觀察專家，翻一翻步道旁邊的石頭，發現二個小洞，便說：「這是鼴鼠挖的洞」，同時用手指著第一個洞然後往下延伸至第二個洞，這時我才發現，有一條微微隆起的土道，原來是鼴鼠挖的地道呀！用手指往小隧道中段一壓，咦！果然是中空的，這個發現令我感到非常有趣。而到了第二天，山莊人員拾獲一隻鼴鼠屍體，由老師從冷凍庫拿出來給我們觀看時，有了更進一步的認識。

牠的體長大約十公分左右，毛摸起來的觸感像是黑天鵝絨般的細緻滑順，有著像是把挖土機鏟子的兩隻手，尖尖的吻端具有粉紅色鼻子，還有藏在毛裡，小到幾乎快看不見的眼睛，短短的尾巴大概只有一公分，但牠卻能在小隧道裡藉由往上頂住土壤來偵測地表的震動與活動。如此有趣的生物，是俗稱「悶鼠」的哺乳動物，主要以蚯蚓、蠕蟲、無脊椎動物等為食。

兩隻手往左右兩側撥土的姿勢，簡直就像將兩把挖土鏟裝在手上。

鹿野氏鼴鼠

毛摸起來很柔軟細緻，像黑天鵝絨。

尾巴很短

翻開岩石發現二個「洞」（鹿野氏鼴鼠挖的）

(沒看見腳)

眼睛已經退化，小到用力把毛撥開還找不太到。

很像人的手指，也有指甲。

地底下的地道

- 由山莊人員拾獲的屍體
- 像土撥鼠一樣會挖地道，但土撥鼠是嚙齒目，牠是食蟲目，吃蚯蚓。

鹿野氏鼴鼠比台灣鼴鼠
1. 棲息海拔較高
2. 體毛較黑
3. 吻端較尖、細長

由於未曾在春天造訪大雪山的緣故，這次上山我一方面訝異這個季節竟然有這麼多種類的野花綻放，一方面則驚訝中、高海拔花兒的繽紛多彩。

· 玉山杜鵑（森氏杜鵑）

　　粉紅色的花苞，一個個看起來好嬌嫩，一樹的含苞待放，充滿春天氣息。盛開的，一朵朵潔白無瑕，在陽光下閃閃動人，誰說台灣沒有又大又美的花呢！

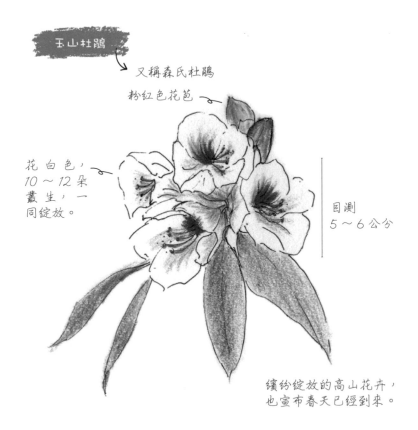

玉山杜鵑

又稱森氏杜鵑

粉紅色花苞

花白色，10～12朵叢生，一同綻放。

目測5～6公分

繽紛綻放的高山花卉，也宣布春天已經到來。

台灣小蘗

又稱川上氏小蘗

目測 3～4 公分

三根不同方向
的刺（避免動
物啃食？）

· 台灣小蘗（川上氏小蘗）

漫步在步道時，路旁灌叢中有許多黃
色夾著紅色花紋的小花，一小簇一小
簇的開了滿樹，鮮明耀眼的顏色引發
了我的好奇心，仔細靠近一瞧，才發
現它還長著不少刺，我一邊小心地避
開尖刺，一邊靠近聞了一下，嗯！竟
然有著濃郁的香氣呢！後來才知道它
叫台灣小蘗。

· 聞起來好香！
· 在天池環形步
  道灌叢的高度，
  花開了滿樹。

· 玉山懸鉤子（高山懸鉤子）

拍完照移開腳步時，又發現某種植物伏著石階與石壁生長，
綠色的小葉子有著小小的分裂（是 3 裂還是 5 裂？我嘀咕著，
植物實在太難辨識，認得果實卻不認得開花……），看起來
有點皺皺粗糙的葉子，是某種懸鉤子嗎？心裡的疑問一時半
刻不得其解，好在現在網路發達便利，手機拍個照，或許有
一天可以得到解答。

玉山懸鉤子

葉子摸起來有點粗粗的

果實有點像小紅莓之類
的，但是是橘黃色。

在邊坡長成一片，或
匍匐長在岩壁上，和
其他草本植物混長在
一起。

雪山草蜥 特有種

吻肛長：6.6～6.8公分

全長：約 20 公分

• 喜歡躲在石頭下方，生活在 3000 公尺以上的高山。

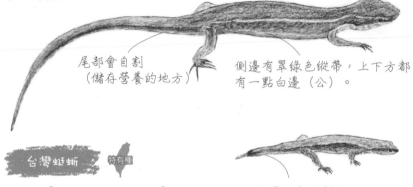

尾部會自割
（儲存營養的地方）

側邊有翠綠色縱帶，上下方都有一點白邊（公）。

台灣蜓蜥 特有種

• 吻肛長 5～6 公分，全長 12～18 公分，比雪山草蜥小很多。

• 喜歡躲在石縫、岩縫中，生性隱密，也是高山的蜥蝪（石龍子科），據說是菊池氏龜殼花的菜單之一。

這條尾巴有自割過

　　跟著解說老師來到一處碎石坡，崎嶇的路面不太好行走，脆而易碎的岩層，彷彿用力一踩便會滑動，令人小心翼翼的斟酌每一步，這連樹木都長不出來的地方，海拔這麼高，溫度又那麼低，土壤貧瘠、光禿禿的，會有動物生存在這裡嗎？但是，事實證明，我太小看生物了，或許應該說我對生物的認知太淺薄，不是每一種生物都生活在四季如春，雨水充沛的環境，特殊的環境造就特殊的生物，自然界的神奇奧祕，只有好奇和開放的心才能領略。

　　沿著天池繞了一圈回到入口，等同行夥伴們上廁所的空檔，這才發現沿著路邊長滿了一種植物，約半個人高，焦褐色的樹枝像是乾枯的灌叢，頂端長有土黃色或褐紅色，比芝麻還要小的種

子，包在水滴狀的薄膜中央，一大串一大串像雜草般不起眼，甚至本來引不起拍照興趣，突然間飛來二～三隻小鳥，東張西望地跳上枝頭開始咀嚼種子，哇！是台灣朱雀（酒紅朱雀）和灰鶯耶！

台灣朱雀♂ 特有種
酒紅朱雀
全身酒紅色.
伸長了脖子咬種子，或是在地上跳來跳去。

灰鶯
全身灰色，相當機伶，會懼怕人類，常常3～5隻一起活動。

還來不及取出相機，就見牠們因為驚覺有人聲和人影出現，咻一下通通都飛走了，這下反倒引起我的興趣，問了對植物比較了解的朋友後才知曉，原來該種植物叫做虎杖，這種不期而遇的收穫反倒令人格外開心。

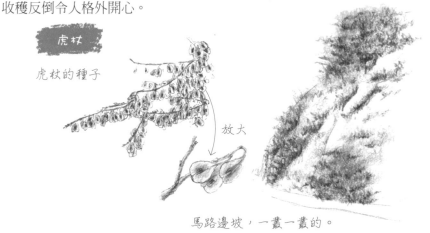

虎杖
虎杖的種子
放大
馬路邊坡，一叢一叢的。

當夜晚悄悄降臨，好戲才正要登場。夜行性動物們和白天的作息截然不同，一到夜晚紛紛出籠，我們坐在車子裡沿著山路慢慢開，一邊用手電筒掃描著山壁、坡坎、樹叢、樹林，尋找夜行性野生動物的蹤影。

在伸手不見五指的漆黑道路上，要不是有解說老師帶著，寒風颼颼吹著還真有點可怕，原本有一點風吹草動就會嚇得半死，但是現在倒有一種探險的感覺混合著期待和興奮，到底會遇見什麼動物呢？忽然間手電筒照到路邊有一對耳朵，我們愣了一下，心想是什麼呢？這時有團友興奮的抖著聲音說：「山羊！是台灣野山羊！」

傍晚的大雪山（變天的前一晚起大霧）

PM8：00～9：00

黃鼠狼
· 夜觀意外的驚喜
· 和我們在馬路上對望了五秒鐘後飛奔遁入草叢中。

長得很可愛，但其實是兇猛的肉食性哺乳動物。

看了整晚，總算有一隻肯賞臉，好奇的看著我們（其餘都是背影）。

喉部淺黃色

山羌

台灣野山羊
· 對人類保持一定警戒距離
· 沿路看到很多隻，大部分都在邊坡陡峭（超過60度）的岩壁行走，活動自如，令我們望之興嘆！
· 第一次看到山羊的感想是「牠真像鹿呀」

· 不太能攀岩壁，所以會尋找草叢裡的獸徑躲避。
· 山羌遠遠看像瘦一點的中型犬。

· 身體感覺蠻長的，顯得腿好短（像臘腸狗）。
· 但是動作非常靈活迅速，感覺比貓的身手還要矯捷。

　　我們趕緊把車停到路旁，而站在水溝裡只露出半個頭的牠一時也被我們的車燈照得莫名其妙，牠應該納悶這是啥，怎麼這麼刺眼吧！慌亂的我第一時間趕忙開了數位相機，調整好倍率焦距，透過相機螢幕一看，還好，牠沒跑走，只是快門有點慢，白平衡也不準，還有車窗玻璃有點反光的影子，但這時也管不了那多了，趕緊半按快門對焦，心裡一直祈禱，不管是動物、車子還是手電筒燈光這時千萬不要動，按下快門後，牠的身影隨即消失在螢幕裡，趕忙抬頭找尋牠去了哪裡？只見牠開始施展飛簷走壁功夫，以小跑步一口氣爬上超過六十度的山壁，消失在大家的驚呼聲中，真是厲害的功夫！

台灣野山羊

我不會咩咩叫喔

渾圓的大屁股

跟印象中的山羊、綿羊長相很不相同，感覺倒比較像「鹿」。

脖子下方有黃色的毛。

很厲害的蹄，可以爬很陡峭的山壁，上下自如，簡直身懷飛簷走壁功夫。

| 山羌回眸 |

　　正當大家還熱烈地在討論這隻山羊時，山羌出現了！牠的
體型比山羊小一號，大約是中型犬的體型，和我們對看二秒後，
似乎在考慮要不要走避，接著小跑了幾步又回頭看了我們一眼。
而我這時也才終於看清楚，牠的頭上有角，是隻公山羌。只見牠
也飛快的奔入草叢裡，很可惜我只拍到鬼影似晃動模糊的照片，
夜拍真是不容易呀！

　　車子繼續前行，沿途又陸續發現其他山羌和山羊們，牠們
的身手非常敏捷，只要車子一煞車，就飛也似的跑進草叢，常常
讓我們望屁屁興嘆，而就在此時，另一位夜觀主角上場囉！

| 白面鼯鼠 |

順著老師手電筒照射的方向往樹林看過去，樹梢間似乎有什麼東西在動，仔細一看，啊！是白面鼯鼠！只見枝葉大力地抖動一下，牠似乎移動了位置，靈活地在枝葉間穿梭著，比身體還長的大尾巴給了牠很好的平衡感，這時老師用手在嘴邊比了「噓」示意我們安靜，不要出聲，並且招手叫我們下車走過去，這時我們見到了白面鼯鼠又開始吃起嫩葉、嫩芽，正是觀察的好時機。

透過雙筒望遠鏡，可以清楚地看見牠那粉紅色的鼻子，一雙烏溜溜的大眼，實在是太可愛了！而胸前肚子的白毛以及背上的茶褐色毛呈現蓬鬆、豐盈富有光澤，強健的肌肉使牠行走攀爬在樹上時相當靈活，烏溜溜的大眼睛炯炯有神，在在都顯示出牠是一隻健康的動物。此刻，我深深覺得野生動物就該像這樣子生活在野地和森林裡，自由的飛奔、跳躍和滑翔；懼怕人類或躲避天敵，以及以利爪、利齒攻擊、防衛和獵殺，都是出於牠們的天性和本能，不管再怎麼可愛，我都不會想把牠關養在人類居住的地方，失去自由的野生動物，並不會被馴化成像家貓、家犬之類的寵物，只會衍生出更多問題和麻煩。

「請好好的生活在野地裡吧！」希望下次或下下次再來到這裡時，我們世世代代的孩子們都能再見到牠們，我衷心的盼望。

柔軟而有光澤的毛

跟著生態老師夜觀才知道，野生動物在夜晚活躍的精采程度一點也不遜色於白天。

比身體還長的
尾巴（平衡）

- 飛鼠其實不是飛，是展開翼膜，由高處向低處滑翔。

樹木

從樹洞裡
探出頭

- 今天晚上看到很多隻。初春正是植物發芽的季節，使得我們比較容易看見牠們。
- 身手非常靈活，一溜煙就不見了。

高

滑翔

低

小神木步道

　　來到大雪山當然要好好的漫步在森林裡，感受一下芬多精。大雪山住宿區雪山莊旁邊的小神木步道是一條我很喜歡的步道，沿著木棧道兩旁邊坡有許多不知名的蕨類，不趕時間的話，可以慢慢欣賞森林每一種植物的風情。

| 稀子蕨 |

　　「咦～這種蕨類怎麼長的不太一樣？」在連續下坡的幾十個階梯之後，在一寬闊處停下腳步，稍微喘息一下，看見路邊的蕨類，忽然間覺得奇怪，這蕨看起來是葉背朝上生長的嗎？葉的中肋特別凸出，把葉子翻過來一看，有許多孢子，所以有孢子是背面沒錯，再翻回來發現葉子正面中間還長有一、二小顆圓圓的，是什麼呢？一般蕨類不是靠孢子繁殖嗎？那麼那顆圓圓的是幼株（幼芽）嗎？為什麼它有孢子了還有幼芽？滿腦子的疑問，還是拍張照片好了，想著要回去好好請教一下網路諸位高手才行。

什麼！這是蕨類的種子嗎？好像一顆青豆，又好像一個中國結。

77

| 台灣菫菜 | （川上氏菫菜）

　　繼續前行，慢慢地發現沿著整條步道階梯的角落陰暗潮濕
處，到處都有許多矮矮的小花，仔細一看，有高有矮，目測高一
點的，有長長的莖突出地面約十公分，花約二公分大小，花心有
白色、紫色的，葉子像愛心形狀，經同行友人告知，才知曉原來
是菫菜類小花盛開的季節。

台灣菫菜　長在陰暗又潮濕的
山壁、石階角落

草本，心形
的葉片。

馬告花

• 在小神木步道
• 因為下雨的關
係掉了滿地

0.3 ～ 0.5 公
分

• 揉開後有濃濃
的辛辣味

| 土馬騌 |

　　在菫菜小花旁邊還點綴著一種像是苔蘚還是蕨類的植物。
像水草地毯一樣，密密的長成一小片，貼近一看還有著像枴杖一
樣一根根凸出直立，這又是什麼呢？哈！只要有顆好奇心，隨處
都可發現一沙一世界，一花一天堂的微觀新世界喔！

第一次知道這種苔蘚的名字

好像一根根小小的迷你枴
杖，令人著迷的微觀世界。

高約2公分（目測）

潮濕地、山壁、
岩壁、石階

| 筆頭蛇菰 |

　　忽然，老師指著在某棵樹的樹根，有幾株紅色像是蕈類還
是菇類的東西。具有杏鮑菇的大小但沒那麼粗，經過老師解說，
才知曉原來這是難得一見的寄生植物 ── 筆頭蛇菰。它跟香菇一
樣都沒有葉綠體，所以無法行光合作用，只能靠寄生吸收現成的
養分生活，由於不同種類其寄生的樹種也不相同，而且只有在開
花季節才出現，所以非常稀有少見；而另一種名叫「水晶蘭」也
是類似情況，但據說它是「腐生植物」，連寄生的樹都沒有，只
長在腐植土豐厚的地方，但因為它的名字取得太好，令我對本尊
產生很大的遐想，希望來年有緣能得一見。

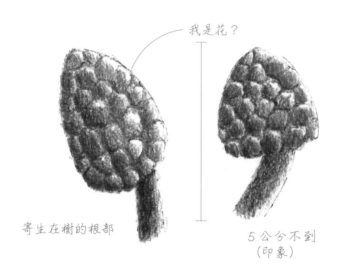

我是花？

寄生在樹的根部

5公分不到
（印象）

| 咬人貓 |

　　雖說在大自然裡充滿好奇心是一件好事，不過有些植物可要小心。像是咬人貓葉面充滿「焮毛」，觸碰後會分泌「蟻酸」，瞬間讓皮膚產生灼燒刺痛的感覺，非常不舒服，令人避之唯恐不及，然而台灣野山羊們卻對它完全免疫，照吃不誤，還真是一物剋一物。

　　這片森林除了有低矮的苔蘚蕨類，各種灌木、藤本、喬木等植物外，其中還有一類不可不提的植物——殼斗科家族，它們也是這片森林的重要成員。

大約是灌叢的高度

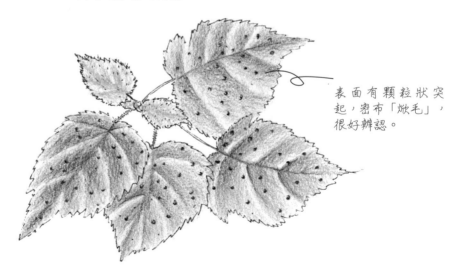

表面有顆粒狀突起，密布「焮毛」，很好辨認。

中海拔是殼斗科樹木的天下，不過初春已是結果末期，撿不太到松果和堅果。

華山松 —— 松果

其實不只松鼠，鳥類、飛鼠、台灣黑熊、山羌、台灣獼猴也都很愛吃喔！

比濕地松的鈍很多（濕地松的尖而有刺）

三角形的鱗片包覆整顆堅果

杏葉石櫟

子葉（果肉，嚼起來微甜，就像吃糖炒栗子）

種皮（嚼起來很苦澀）

〈俯視〉
看起來像一朵花

這季節本想撿顆完整的松果，卻只剩殘破的了。

外殼鱗片殼斗（盔甲）非常硬，很難敲開。

只剩一半或1/4，是飛鼠啃的？

（剖面）

松鼠啃過，像炸蝦？

　　殼斗科的植物因為會結出橡實、松果一類的堅果，因此受到森林裡動物們的喜愛。它們滋味甜美可口，數量龐大，容易裹腹，是老鼠、松鼠、鳥類、台灣獼猴、台灣黑熊等動物們菜單上的主食之一；而殼斗科植物們為什麼要這麼好心地提供如此豐富的食物給動物們呢？

　　說穿了，其實還是跟植物繁衍後代有關，這是經過長期演化的一種策略。白話一點來說，它們的如意算盤是這樣打的：大約在秋天的時候，這些植物結了滿樹好吃的果實，讓老鼠、松鼠等動物們好好的飽餐一頓，但是天下沒有白吃的午餐，當結果量超過這些動物們能消耗的數量，剩下吃不完的果實，要怎麼辦呢？

我是飛鼠

殼斗科果實

台灣黑熊　　　松鼠

我們都愛吃大雪山牌堅果

台灣獼猴

我最愛　　我也好愛

　　動物們就想辦法將這些果實搬走，挖洞埋起來或是找樹洞藏起來（一種儲存食物的概念），但是，這些藏起來的果實有一些被遺忘了，沒有被吃掉的果實到了來年春天時就能發芽，而這些種子被動物們帶離開原來生長的地方，就能讓愈來愈多的地方長出更多的兄弟姐妹，延續殼斗科的族群。

A 森林

我要找個好地方藏起來！

B 森林

搬運搬運……

嘿咻嘿咻！

各種殼斗科果實吃不完

82

　　有句話說「把眼睛嘴巴閉起來，耳朵才會張開。」我覺得這句話一點都不假，在森林裡，除了用眼睛觀察之外，更要用其他的感官來體驗自然，用鼻子呼吸森林和花草的芬芳；用皮膚感受雲霧迎面的濕涼，像天然的冷氣般吹拂；用耳朵聆聽各種蟲鳴鳥叫，彷彿森林的自然樂章。

　　尤其在台灣中、高海拔森林裡擁有許多全世界都沒有的特有種鳥兒，像是在樹頂、樹冠活動，喜歡成群跳躍穿梭，發出「吐米酒」和「回回回～悠」二部重唱般的冠羽畫眉和白耳畫眉；穿插著「鈴鈴鈴～」門鈴聲的棕面鶯，還有彷彿吹口哨般「噓噓噓噓噓」的山紅頭。

冠羽畫眉　特有種

翹翹的師公頭是註冊商標，
爆笑又可愛，令人發噱。

雖然很小隻，可是叫聲非常嘹亮，音頻很高，穿透整個森林。

吐米酒～

飛來飛去的身影，
用肉眼比用雙筒容
易捕捉，用相機就
更難了。

很少乖乖停在枝
頭上。動個不
停……

　冠羽畫眉體型比麻雀還小，但是
和麻雀一樣喜歡群居，總是一群
在高高的樹冠上飛來飛去，非常
好動，也是非常可愛的小精靈！

回回回悠～

白耳畫眉　特有種

像白眉道長似的很長的白眉，增添幾分靈氣

叫聲也很響亮、好記，像電鈴般「鈴鈴鈴」的單旋律，會一邊叫一邊振動翅膀。

棕面鶯

鈴鈴鈴…

橘黃紅色的臉頰，很好認。

比冠羽畫眉更小的傢伙，也比冠羽畫眉更好動，喜歡待在樹頂，單獨出現較多，但是會和冠羽畫眉、紅頭山雀等山鳥混群。

在枝頭上很高很高的頂端，很小一隻，常被樹葉遮住，又很好動，一秒鐘內可以轉來轉去換好幾個動作，很不好找，看牠總要把脖子仰得很痠…

山紅頭

在平地也有，但總是只聞其聲，不見其鳥影。

頭頂一點點紅（不是整顆頭紅色）

嘘嘘嘘嘘嘘

低海拔步道很常聽到牠的叫聲，說不定你還以為是誰在吹口哨。

喜歡在較低的灌叢裡鑽來鑽去，躲躲藏藏，不喜歡露臉。

在低矮灌叢裡有聲音高亢且很有穿透力的叫聲「氣～球兒～」，或者是發出像「冰～激淋～」叫聲的藪鳥，本尊乍看之下像隻老鼠般在地上或樹根樹叢裡鑽進鑽出；還有可禮大蟬如同合唱團般唱得震天價響，暮蟬們銀鈴般的回音迴盪在山谷中，和許多不知名的昆蟲一同伴奏，我邀請大家下次上山時，不要急著趕路，撥一點時間，閉起眼睛，聆聽這些天籟之音，真的是一大享受喔！

藪鳥 特有種

→ 黃胸藪眉

叫聲非常響亮，堪稱山鳥第一名，在溪頭或明池等著名風景區常常可以聽到牠的叫聲響徹整個園區。

／ 氣～球兒～

眼睛旁邊的黃痣是正字標記

渾圓的身體常常在地上或灌叢裡鑽來鑽去，活像一顆番薯在地上滾動，哈哈～

|23.5 K 山桐子樹 |

大雪山一直是賞鳥人眼中的寶地，來一趟大雪山可以一次囊括低、中、高海拔的鳥種，甚至運氣好的人可以欣賞到二十幾種台灣特有種鳥類，因此這裡也是全世界知名的賞鳥點，吸引不少國外賞鳥人前來朝聖，將大雪山國家森林遊樂區列入必來的口袋名單。

以往我來大雪山都是為了賞鳥，而這一切就要從 23.5K 的山桐子說起。冬天是山桐子結果的季節，在 23.5K 的路邊有棵高大挺拔的山桐子，每當農曆春節前後，滿樹的葉子會掉光，只剩下一串串紅通通的果子，各種羽色豔麗的鳥兒們每天都來爭食，彷彿大自然準備好的美食餐廳，也就吸引各地拍鳥賞鳥人的喜愛。

　　這樣美麗的大雪山，希望大家都能愛護，以讓這麼多獨有的生物都能在這裡一直生活下去。

特有種　五色鳥　　台灣擬啄木

堅硬的大嘴可以啄樹洞築巢，但在分類上牠不是真正的啄木鳥，所以叫「擬啄木」。

因為有紅、黃、白、綠、黑五個顏色，所以叫做「五色鳥」（俗名），但是沒有六色鳥、七色鳥啦！不過八色鳥倒是有喔！呵呵～

青背山雀

臉頰有白色的半月斑，和黑色的頭形成明顯的對比。

黃色的肚子加上粗黑的中線，好像一顆網球啊！（大誤）

青背山雀吃山桐子的時候，因為嘴巴很小，所以會把果子用兩腳夾住，小口小口的吃，超可愛的！

黃腹琉璃

♀   ♂

 藍腹鷴 特有種

簡單辨識對照

 帝雉 特有種

「迷霧中的王者」——黑長尾雉

1. 走路較緊張，警覺性高
2. 肉垂大、突出
3. 背上寶藍～藍紫色
4. 尾羽2根白色

♂

5. 腳紅色

1. 走路優雅，不急不徐，一整個華麗有氣質。

3. 背上寶藍～藍紫色，隨光線產生物理光澤變化。

2. 肉垂小

4. 尾羽藍黑間有白色橫紋

5. 腳灰黑

• 雌鳥們比雄鳥樸素很多，因為要育雛。

♀

肉垂小

Ｖ形斑

腳紅色

尾羽比雄鳥短很多

雌鳥們背部羽色多半為土黃色～褐色，相雜著複雜又密的斑點。

尾羽比雄鳥短

沒有肉垂，只有紅色裸皮。

羽毛中央白色（羽軸）

腳灰色

港口村 落鷹

PART
4

鷹揚滿天

墾丁賞鷹之旅

第一次來到高雄半屏山，走了一個多小時相當崎嶇不平的碎石子山路，這條路不陡但卻很難行走，後來才知道，原來這些碎石都是石灰岩，當年為了取做水泥的原料，才鏟平了半座山，成了今天所看到的模樣。

　　到了瞭望平台，視野相當良好，頭頂有許多猛禽飛過，這裡也是觀察灰面鵟鷹遷徙路線的絕佳地點之一。

高雄 半屏山

在瞭望台看見不少猛禽

還有小猛禽

崎嶇不平的碎石子路

平常只會辨認大冠鷲的我，此時是一年一度增加猛禽辨識功力的機會，觀看猛禽，首先必備的是雙筒望遠鏡。通常會先以肉眼在天空搜尋一番，任何快速移動的小黑影都不放過，再舉起雙筒望遠鏡迅速瞄準對焦，若操作熟練，很快就會從雙筒裡看見原本以肉眼看起來小得像蚊子的黑影，逐漸變成約略是鴿子大小的黑影。雖然剛開始看猛禽時還沒有很多經驗，會覺得怎麼每一隻看起來都像鴿子，不過，再盯著看久一點就會發現有些細微不同，像是體型、大小、胖瘦、黑斑、白斑、粗細紋等，這些不同並不是個體差異，而常常是因爲其實牠們根本就是不同種類的猛禽。

| 雙流國家森林遊樂區 |

由於從高雄到墾丁大約還有二小時路程，因此帶隊老師爲我們在途中安排到雙流國家森林遊樂區一遊。雙流國家森林遊樂區內種植了不少花草樹木，由於人爲干擾較少，因此環境相當清幽，園區裡還有一條溪流，溪流裡的小魚吸引了不少鳥兒前來，像是鷺科的鳥喜歡等在水邊或站在水裡的石頭上，靜靜地一動也不動，像座雕像般等待魚兒主動游過來，再趁魚兒不注意時，迅速地用尖嘴突擊夾住小魚吞食飽餐；而又稱魚狗的翠鳥捕魚功夫更是厲害，往往只見牠前一秒還穩穩地站在石頭上，突然間就飛出去衝入水中捕魚，再飛回原來的石頭上享用大餐，花不到一秒的時間，眞的是快狠準。

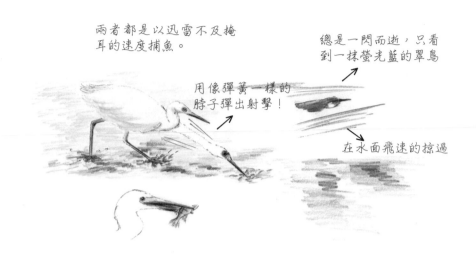

兩者都是以迅雷不及掩
耳的速度捕魚。

總是一閃而逝，只看
到一抹螢光藍的翠鳥

用像彈簧一樣的
脖子彈出射擊！

在水面飛速的掠過

1. 觀察水中動靜

4. 停回原本的位置

3. 出水，由 2 到 3 常
常只需不到一秒，一眨
眼，一瞬間。

2. 衝入水中捕食

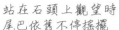

站在石頭上觀望時
尾巴依舊不停搖擺

強風迎面吹來，一直把
屁屁對著我們的磯鷚。

邊走邊搖

　　灰鶺鴒佇立和走路時會不停的擺動尾羽，像是尾巴裝了彈簧一樣上下擺動；而一直背對著我們的磯鷚，或許是因為風向關係，牠必需逆著風羽毛才不會被吹得翹起來，所以屁屁一直朝著我們，牠的尾羽也會跟灰鶺鴒一樣一直擺動個不停。

　　我舉著雙筒望遠鏡，沿著溪水和陸地交界處慢慢地掃描過去，觀察到很多鳥兒，除了白鷺鷥以外體型都不大，顏色也不太鮮豔，甚至可說是和周遭環境相近，灰色、土黃、橄欖綠、卡其色、咖啡色等，還有水的反光混在一起，如果沒有用單筒或雙筒望遠鏡慢慢掃描，仔細觀察分辨，很容易就會忽略，然而這也是牠們的生存之道，千百年來演化出利用保護色來幫助生存。

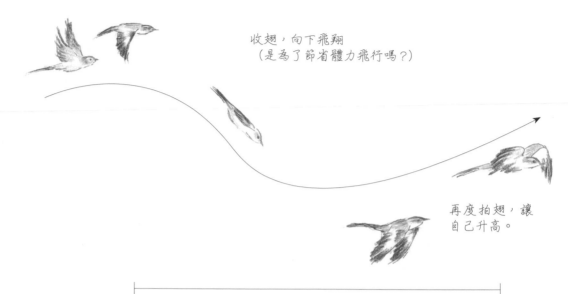

邊飛邊發出「唧！唧唧～」的叫聲

收翅，向下飛翔
（是為了節省體力飛行嗎？）

再度拍翅，讓
自己升高。

目測的感覺，還蠻遠的，十幾公尺到三、四十公尺，
而且這樣飛速度很快，路線也很難預測。

　　我透過雙筒看著灰鶺鴒邊走邊搖著尾巴，沿著溪邊，上上下下走過每一顆石頭；走到一顆牠認為是最高的石頭頂端停了下來，即使停下來，牠的尾巴還是上下不停擺動，像是裝了彈簧般，左右張望了一下，又走了下來，繼續前進。其實牠行走速度挺快的，與成人散步的速度相當，若想要為移動中的牠拍照，可不是一件容易的事，正當這麼想的時候才稍微分神一下，只聽見牠發出「唧唧～」的叫聲，就飛出了雙筒裡的視野，因為來不及跟上牠飛行的速度，我只好放下雙筒，以肉眼觀察牠典型的波浪狀飛行法，只見牠快速地往旁邊石頭上的另一隻灰鶺鴒方向飛過去，兩者在空中交錯飛舞，後來其中一隻愈飛愈遠，原來，雖然是候鳥在異鄉做客，也要爭地盤，剛才那是驅趕行為啊！

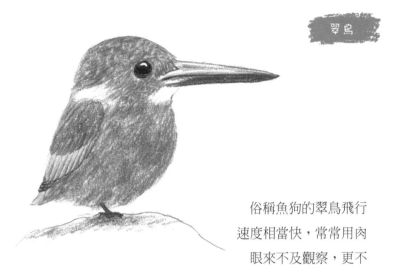

翠鳥

俗稱魚狗的翠鳥飛行速度相當快，常常用肉眼來不及觀察，更不用說利用相機或是雙筒望遠鏡追蹤，常常只聽見「唧！」一聲（比灰鶺鴒的叫聲尖銳高亢很多），看見一道螢光藍「咻」一下飛過水面，那大概就是牠了。

鉛色水鶇

通常會看到藍色鳥兒飛過水面的環境裡，還有一種叫鉛色水鶇的鳥兒會出現。該物種和翠鳥一樣是留鳥，不過牠的飛行速度沒有翠鳥那麼快速，羽色也沒有翠鳥那麼鮮豔，牠的藍呈現暗藍色或深藍色，若是眼力好的還會看到牠帶有一點深紅色的尾巴，偶爾搖個幾下，通常不在繁殖季時會比較少聽到牠的叫聲。由於冬天時牠特別會把羽毛弄得蓬鬆一點，一整個圓滾滾的身體，常有鳥友戲稱牠叫「小鉛球」。

　　另外還有一種遠遠看跟鉛色水鶇外形很像的鳥，叫作藍磯鶇。藍磯鶇比較少像翠鳥和鉛色水鶇一樣在河面或溪流水面上巡弋似的飛行，因為牠不吃魚。主要吃蟲維生的牠，反而比較喜歡站在枝條、欄杆頂端或屋角尖端，如此一來比較看得清楚草地裡蚱蜢類昆蟲的動態。

藍磯鶇、鉛色水鶇、翠鳥蹲在石頭上的樣子

翠鳥　　　　　鉛色水鶇　　　　　藍磯鶇

腹部呈橘色

尾巴深紅色

腹部深紅色

稜線上的猛禽（像蚊子一樣）

· 大冠鷲盤旋半徑比較大圈，翅長又大。（常年）

· 灰面鵟鷹盤旋半徑比較小圈，翅長。（季節性）

鳳頭蒼鷹翅較圓

隼，翅尖，速度快

白尿布　抖翅

大型猛禽相似種（常見）
大冠鷲 vs 黑鳶 vs 林鵰 vs 魚鷹 vs 蜂鷹

通常距離人較近（高度較低）

· 森林小型猛禽：鳳頭蒼鷹 vs 台灣松雀鷹 vs 日本松雀鷹（季節性）

　　離開雙流國家森林遊樂區之後，沿著 200 縣道往屏東滿州方向前進，沿路的山稜線開始會有猛禽在空中盤旋。

　　當車子緩緩開進里德後，重頭戲登場。這個季節來到墾丁，正是落山風開始吹拂的季節，每年此時，也是冬候鳥遷徙的季節。所謂的候鳥，就是從北方西伯利亞等地飛往溫暖的南方過冬，就像從台北開車到高雄，通常會在中間點，像是清水休息站停留一下，休息或吃點東西。鳥也一樣，對牠們來說，台灣就像是清水休息站，當然也有些鳥是直接在台灣過冬，而灰面鵟鷹則是每年固定會在牠們一代傳承一代的休息點——恆春半島休息後再集結出海往南飛去。

等你親身來看過一次灰面鵟鷹過境的盛況，那震撼會讓你終生難忘。原本出現在電視頻道裡的場景，距離在如此遙遠的陌生國家，忽然間牠們就出現在我們的生活環境，有了真實的體驗和感受，我希望我的朋友跟後代子孫們有機會也能來看看台灣自然生態這壯觀的一面。

　　不管是賞鳥新手、老手或是遊客想要觀看灰面鵟鷹，一般都會到里德橋，因為這裡視野開闊，360度都可以看見灰面鵟鷹，不用卡位，就算沒有雙筒望遠鏡，用肉眼也可以（只是形態小了一點），有雙筒望遠鏡當然會更近、更大、更清楚囉！

　　從下午三、四點到日落時分，天空上方四處有鷹群盤旋，一會兒聚集盤旋，像龍捲風一樣，一會兒又分散，通常牠們都會在盤旋後朝山區方向飛去，愈飛愈遠直到看不見身影。愈接近夕陽下山的天黑時刻，山上許多棲息的好位置已經被先來的鷹占走了，後來的鷹就只好停在比較靠近人群附近的樹上休息。一群又一群的鷹不停地在天空盤旋、降落，非常熱鬧，一點也不輸給國外的生態節目。

　　另一個選擇看灰面鵟鷹的好地點是在港口村，若想用相機拍鳥的人，這是個好地點，因為這裡的灰面鵟鷹棲息點範圍較小，拍起來相對集中，在同個畫面裡數量比較多，只要運氣好並挑到對的日子，很有機會拍出震撼感十足的照片。

灰面鵟鷹乘熱氣盤旋上升示意圖（猛禽）

想像一下，如果是上百隻又同時盤旋，那畫面應該相當壯觀。

或許有人會好奇如何挑對的日子，這就要從猛禽起飛時說起，像老鷹，灰面鵟鷹、大冠鷲這類猛禽，因為翅膀寬大，拍翅極為耗費能量，所以牠們起飛時會利用熱氣流來抬升高度，而好天氣時熱氣流比較充足，陰天或下雨天就沒有什麼熱氣流，然而這季節在日本、台灣、菲律賓等地還會有颱風侵襲的威脅，若天氣不好，在恆春半島休息的灰面鵟鷹就會選擇不出海，灰面鵟鷹不起飛的話，自然也就沒有起鷹可看囉！

滿州，里德橋，落鷹

• 第一次看灰面鵟鷹落鷹

• 原來落鷹也是要盤旋的，場面比起鷹還壯觀，又近又大。
鷹群一邊盤旋，一邊往山區樹林移動。

白眉明顯

胸腹具有橫斑

椰子樹

100

| 落鷹 |

　　所謂落鷹就是傍晚剛剛飛抵台灣（恆春半島）的鷹準備降
落休息，此時，在高空的灰面鵟鷹原本看起來像芝麻跟蚊子般大
小，降落時，會靠近低空山區或樹林，由於距離比較近了，牠們
的體型看起來要比鴿子大上二、三倍，加上數量很多，還會因為
尚在尋找棲息點而有鷹柱盤旋的奇景，是其他種類猛禽不容易看
到的特殊場景，通常里德橋和港口村是觀看落鷹的最佳地點。

辨識篇

灰面鵟鷹剪影

尾翼比：
0.38

赤腹鷹剪影

尾翼比：
0.45

赤腹鷹又名「粉鳥鷹」

灰面鵟鷹 vs 赤腹鷹剪影概略比較
1. 灰面鵟鷹翅比赤腹鷹長且平
2. 赤腹鷹體型小（像鴿子），故拍翅快
3. 赤腹鷹感覺尾羽比例較灰面鵟鷹長
4. 憑肉眼第一印象
 • 先看見身體→赤腹鷹（身體較明顯）
 • 先看見翅膀→灰面鵟鷹（翅膀較明顯）

| 起鷹 |

　　起鷹則是看灰面鵟鷹起飛的意思，通常會到社頂公園的凌霄亭去看，天亮前趕到亭子上，等天一亮，灰面鵟鷹們立刻升空盤旋到一定的高度後，就會全部朝向南邊出海，也就是圖中氣象站圓頂的方向，南邊即巴士海峽。當灰面鵟鷹起飛的數量很多時，整個畫面就像鷹河般，也像閱兵的分列式，一波一波通過上方的天空，此時，我都會很感動地在心中默默祝福牠們一路順風（不管是候鳥還是猛禽遷徙時若為順風飛行，可大幅節省體力）。

凌霄亭看起鷹圖

盤旋的鷹柱　　太陽東昇（東方）

巴士海峽（南方）

→ 氣象站

　　天亮後一小時內最大數量的灰面鵟鷹就會出海，太晚來只有零星的鷹可看，要是想熱鬧的，可參加墾丁國家公園、屏東縣政府與滿州鄉公所每年舉辦的「琅嶠鷹季 —— 滿州賞鷹博覽會」，到墾丁來玩不再只是沙灘、水上活動和海角七號而已。

烏頭翁

白頭翁

梳著油亮的黑頭髮

後腦勺白色

嘴邊有一顆橘紅色的痣

臉頰有白斑

　　來恆春半島除了可觀察灰面鵟鷹之外，還有很多其他鳥種，像是只有南部和花東才有的烏頭翁，牠們和北部白頭翁最大的不同，是具有黑色的頭頂，白頭翁後腦勺是白色的，此外，烏頭翁嘴邊有一個黃色的痣，頗像美人痣（三八痣），兩者叫聲相似，習性也相似。

　　我在賞鷹空檔，看見一隻烏頭翁探頭探腦地跳到住家屋頂的不鏽鋼水塔邊好奇張望，對著水塔做出各種姿勢，最後還啄了水塔好幾下才飛走，然後又飛回來，好像在說：「老兄，你到底是誰？為什麼要跟我做一樣的動作？」殊不知，牠看見的其實是鏡像的自己啊！

一定要畫的烏頭翁（特）

· 來到墾丁（或東部）不能不記上一筆的烏頭翁

· 叫聲跟白頭翁很像，長相也像，但就是那一頭烏黑亮麗的頭髮和嘴邊那顆「橘色」的痣，讓我覺得比白頭翁俏皮許多。

抹了髮油的少年仔！

美人痣（三八痣）

紅尾伯勞　　烏頭翁　　大卷尾　　藍磯鶇

四種在這個季節常見的鳥。時常站在樹枝裸露處、電線桿上或是枝條頂端、屋簷的尖角處，肉眼遠遠看都是黑黑一隻，透過雙筒望遠鏡才能觀察分辨特徵。

| 紅尾伯勞 |

也是這個季節常見的冬候鳥，早年在台灣還有「烤鳥仔巴」的風俗，就是利用這種鳥非常喜歡停棲在樹枝頂端的個性來製作陷阱，還好，現在大家三餐都吃很好，再加上有法律保護，應該比較沒有人敢再做出此種行為了。

| 龍坑生態保護區 |

龍坑生態保護區現在是陸客來台灣旅遊的熱門景點之一，可是很多台灣本地人來恆春半島幾十次了，可能都沒聽過，更別說來過這地方。

龍坑生態保護區全區都是高位珊瑚礁的地質景觀，因為靠海，受到強風吹拂和海浪拍打侵蝕岩層，形成特殊的地形景觀，而站在雄偉壯闊的龍坑大峽谷前觀賞大自然的巧奪天工，更是震撼人心。

在這裡不僅可欣賞到獨特的地形景觀，其豐富的自然生態也是相當吸睛，走在成人高的林投灌叢間，沿著木棧道前行，白水木、木麻黃、瓊崖海棠、濱斑鳩菊、水芫花等書上常見的海濱植物在這裡都能親眼觀察，相當值得大家前來朝聖喔！

- 中杓鷸的保護色相當好，在一片枯黃的草原中要發現牠很難。要不是那下彎的嘴且正在行走，用雙筒還要找老半天才能看見。
- 最後被赤腹鷹攻擊而嚇跑（邊飛邊叫）
- 龍坑真是個令人驚奇的地方，還有黑翅鳶、紅隼出現。

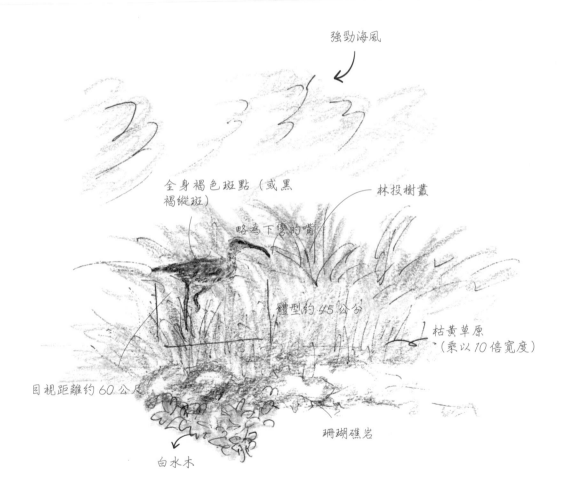

強勁海風

全身褐色斑點（或黑褐縱斑）

林投樹叢

略為下彎的嘴

體型約 45 公分

枯黃草原
（乘以 10 倍寬度）

目視距離約 60 公尺

珊瑚礁岩

白水木

白水木 —— 一種抗風性強、耐鹽分、
耐旱的海濱植物

葉子密布白絨毛 ↙

海濱

葉子像高麗菜一樣，一
層一層，一圈圈的長。

果實 ↙

（像高麗菜那麼大朵）

40～60公分寬

葉面有絨毛，葉子
二邊向內側捲起。

密密麻麻的，一朵
一朵長滿海邊。

濱斑鳩菊（稀）

↘ 要不是有老師指點，就算近在眼前，也不會
發現它。（然後一群人趴在地上拍它）

紫色小花0.5～0.6公分

果

花謝

1.5～3公分

高5～15公分

像燒焦的顏色

• 一叢一叢長在地上，
和土丁桂、台灣灰
毛豆等長在一起。
• 有趣的是這植物名字
裡為何有鳥名呢？
• 據說只在龍坑生態保
護區才有，因為它
長在珊瑚礁岩上（網
路資料不多）。
• 紫色的小花讓人聯想
到紫花藿香薊。

蔚藍的海，非常漂亮，
令人心曠神怡！

覓食中的小杓鷸，猜
想是最後的補給準備
再南遷嗎？

粗糙又崎嶇的珊瑚礁岩

| 台灣最南點 |

　　此處位於鵝鑾鼻還要再南邊的一個地點，有座台灣最南點的意象標誌，在這裡可以觀看到非常漂亮的海景。

　　當大家開心的和無敵海景拍照同時，眼尖的同伴發現了一隻小杓鷸，站在保護色非常好的礁岩上，若沒有單筒望遠鏡實在很難看到牠的身影。

　　最令我驚喜的是，在出口處的氣象雷達站發現了一隻紅隼停在圓頂的鋼架上，距離我們大約 30 公尺，第一次那麼近看紅隼，這才發現牠有一雙大眼睛。

紅隼♀

不愧是猛禽，毫不畏懼地和我們對看著。

話說這紅隼正面也太萌了，讓我們一度懷疑是否為幼鳥，才一副傻愣樣。

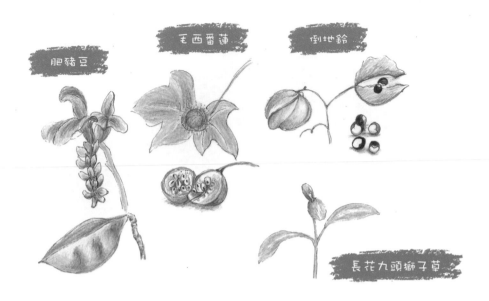

肥豬豆　毛西番蓮　倒地鈴　長花九頭獅子草

　　來到恆春半島，沿路看到一些在北部比較沒看到的花花草草。

· 長花九頭獅子草

　　有點長的名字，念起來彷彿舌頭要打結般，在墾丁一帶的路邊及保護區內蠻常看到的

· 肥豬豆

　　生長在路邊坡坎的藤本植物，因為豆莢好像巨人版的毛豆莢，覺得非常有趣。

· 毛西番蓮

　　黃澄澄的小果子，一剝開有著像百香果一樣的種子，聞起來和吃起來都跟百香果的滋味一樣，甚至更好吃，而且甜甜的一點都不酸耶！

· 倒地鈴

長在路邊的雜草叢裡，有著三瓣鼓鼓像氣球般的蒴果，成熟
後呈土黃色或咖啡色，宛如乾枯般一點都不起眼，一剝開，
有三顆黑色種子，上頭有著白色心形圖案。哇！想不到大自
然的愛心在裡面，真是太神奇了！

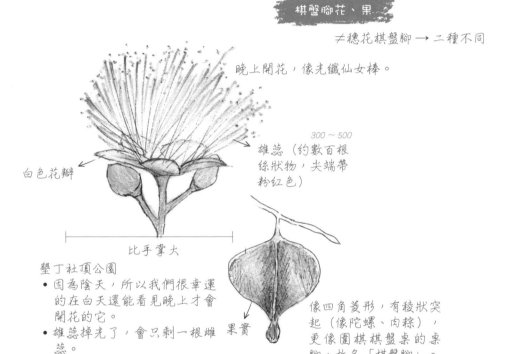

棋盤腳花、果

≠穗花棋盤腳 → 二種不同

晚上開花，像光纖仙女棒。

白色花瓣

300 ~ 500

雄蕊（約數百根
絲狀物，尖端帶
粉紅色）

比手掌大

墾丁社頂公園
● 因為陰天，所以我們很幸運
的在白天還能看見晚上才會
開花的它。
● 雄蕊掉光了，會只剩一根雌
蕊。

果實

像四角菱形，有稜狀突
起（像陀螺、肉粽），
更像圍棋棋盤桌的桌
腳，故名「棋盤腳」。

· 棋盤腳

棋盤腳≠穗花棋盤腳，雖然都是海濱植物，也都在晚上開花，
不過這兩種是不同的植物。穗花棋盤腳開花時是一整串的，
而棋盤腳的花卻是一大朵，約比手掌大一些，兩種植物的果
實也不像，棋盤腳的果實因為像圍棋桌的桌腳，故名。

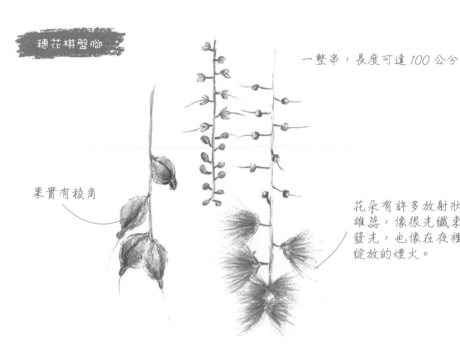

穗花棋盤腳

一整串，長度可達 100 公分

果實有稜角

花朵有許多放射狀
雄蕊，像很多纖束
發光，也像在夜裡
綻放的煙火。

星星狀的蒴果

外觀像木耳，
吃起來像菇。

克蘭樹－果
↓
台灣原生

4～7
公分

銀葉樹－果

雨來菇－炒蛋
情人的眼淚
● 真菌和藻類的
結合體，生長在
沒有汙染，有乾
淨水源的草地。

恆春半島

花莖

4 公尺～7 公尺

瓊麻

・瓊麻

進入恆春時常會看到路邊有種很高大的植物，約一、二層樓
高，原來它們是龍舌蘭科的瓊麻。據說早年此地大量種植，
是用來編製麻繩的經濟作物，然而工業化後都改用尼龍繩了，
因此成了夕陽產業，逐漸沒落了。

・情人的眼淚

我其實很少畫美食，這次卻破例，因為這道情人的眼淚或許
很多來墾丁的人都吃過，不過我卻是第一次品嘗，它的外觀
看起來有像黑木耳，黑黑皺皺的，嘗起來的口感卻不像木耳
脆脆的，反而比較像菇類或紫菜那種軟軟的口感，搭配雞蛋
炒在一起，滋味還不錯。

據說它只有生長在墾丁山區的草地裡，雨季過後才會長出來，
所以又稱做「雨來菇」，是一種陸生的藍綠藻。聽餐廳老闆
說這道菜早期得來不易，因為雨來菇不好種，通常和雜草一
起生長，不好摘取，皺褶太多，所以土沙夾雜很多草，清洗
不便，時至今日已有人工栽種，所以便利許多。

恆春半島還有很多值得探訪的地方，像是社頂公園、南仁山、
佳樂水等，而且不同季節造訪，體驗到的景觀迥然不同，可
說是一個生態大寶庫。

候鳥過境、度冬的樂園

冬季金門賞鳥行

輝清
2014. 8.

　　金門，是我第一個造訪的外島，自從十年前開始參加賞鳥活動以來，就一直聽說「金門是賞鳥人的天堂」、「幾天內觀察到一百種鳥類並不是太困難的事，甚至很多在台灣稀有的鳥種，在金門都很常見」、「要是沒去過金門，就不能自稱爲鳥人」等種種說法，因而讓沒去過金門的我一直夢想著要去造訪，而今天終於成行囉！

叉尾太陽鳥♂

- 金門行的第一站就看到目標鳥種，真是讚！

苦藍盤（花）

螢光綠（藍）

約9公分

叉尾

- 在台灣看不到這種鳥，在金門也是少見的留鳥。

- 吸花蜜爲食，會把嘴伸入或刺入花根部吸食花蜜。

- 比綠繡眼還小一點，爲了看牠一眼和拍張相片，真是吃足苦頭。牠非常好動，身子輕跳躍時不太會震動樹枝，很容易被樹葉擋住。

- 雄鳥的顏色真是漂亮，跟紅胸啄花有點像耶！

來到金門的第一站，是先去了金門植物園，一入園沒多遠就看到在低矮灌叢裡好像有動靜，但因為動作實在太快了，還來不及看個仔細，領隊老師就揮手示意我們不要出聲或走動，並將身體蹲低些，這時我們一大群人就在狹窄的橋上各自卡位，就定位後我緊盯著相機螢幕，手指放在快門上，打算一有影子，就先按下快門來個連拍再說，說時遲那時快，有隻叉尾太陽鳥雄鳥飛到枝葉較稀疏的花朵上，而且還全都露耶！於是趕緊按下快門連拍了三張。沒想到金門賞鳥行的第一站就如此刺激，真是好運氣！

　　叉尾太陽鳥外形上看起來像大一倍的蜂鳥（雖然我還沒親眼見過蜂鳥），大小肉眼比起綠繡眼似乎還小一點（有時也會跟綠繡眼混群），嘴喙長又彎（但不像蜂鳥那麼長），同樣會伸進花朵裡吸蜜，所以也算吸蜜鳥的一種，雄鳥顏色鮮豔多彩，尤其頭頂到後頸的螢光綠色澤（受到光線影響有時會呈現藍綠色）更是搶眼。

　　黑鶇（烏鶇），誠如其名，除了嘴和金黃色眼圈外全身都黑溜溜的。鶇科這類群的鳥，像是赤腹鶇、白腹鶇、斑點鶇等都蠻喜歡在短草地、旱地、菜園等環境覓食（找蟲吃），吃東西的方式會用嘴喙快速地左右翻找草地或落葉堆，移動方式就像是麻雀及八哥一樣採用跳動但有節奏的方式。

　　雖然在金門烏鶇的數量很多，但在台灣卻是稀有留鳥，不知道是否因為我們一大群人的關係，牠們始終和我們保持著很遠的距離（約 30 公尺）。

黑（烏）鶇

* 在台灣是稀有鳥，但在金門非常普遍。

金黃色眼眶

嘴黃色

「烏」如其名，全身黑嚕嚕的。

* 覓食有一定的節奏和韻律，走走走…停，啄啄！總是急走了三、四步後，又急頓停，然後啄食地面幾下再繼續往前。

* 和八哥一樣遠看都是黑黑的，但好像很少跟八哥混群，多單隻覓食，還會跟別的烏鶇打架爭奪地盤。

喜歡出現在短草草地（旱地），偶爾會上樹。

　　在園區較偏僻陰暗的角落發現到一隻在台灣也是迷鳥記錄的鳥種 —— 白斑紫嘯鶇。在台灣和牠較相近的是台灣紫嘯鶇，只不過牠從頭到頸部、背部、胸腹部都布滿白色斑點，感覺很像穿著星鴉外套的紫嘯鶇，哈～於是乎自然而然的想畫張這樣的圖，還有點像日本畫家「富士鷹茄子」的繪圖風格呢！

　　除了這外形上的差異外，其習性都和台灣紫嘯鶇差不多，同樣偏好靠近陰暗潮濕的林蔭或溪邊等地，但是有點懼怕人類（難道是因為我們一群人給了牠很大的壓力？）喜歡吃蚯蚓、跳躍移動，當牠停下來定點不動時會張合尾羽，據說連鳴叫聲也和台灣紫嘯鶇一樣是發出「唧～」的尖銳聲，這種長叫聲很像腳踏車緊急煞車的聲音，不僅高分貝且刺耳，像是一瞬間劃破空氣或耳膜的感覺。

白斑紫嘯鶇（金門過境鳥，在
金門短暫停留）

根本就是紫嘯鶇
去借了星鴉衣服
來穿，哈哈～

• 和台灣特有種
的紫嘯鶇一樣
1. 跳躍移動
2. 吃蚯蚓
3. 常張合尾羽
4. 發出「唧～」
的尖銳叫聲

• 有點怕人，保持
約 30 公尺距離，
一下子就飛入樹
叢隱密處。

尾羽打開像一
把扇子

頭上至背部密布白色斑點
（像雪花般），在陽光下會
反射寶藍～靛紫色色澤（陰
暗處則呈黑色不反光）。

／唧～

　　繞了園區一圈，遠遠地看到草地上似乎有鳥兒咻一下地飛
過，鳥友們招手叫我過去，同時又揮手示意我壓低身子慢慢挪
步。我倚靠著樹幹，半個身子躲在樹幹後方等待著，不一會兒鳥
兒們又飛回草地覓食，仔細一看，原來是一對小桑鳲。牠們的嘴
喙比例相當大，感覺就像長了一把「瓜子剝殼器」在臉上，具有
堅硬厚實感。雖然此時牠們低頭不停地吃著地上的種籽，卻警覺
性很高地提防著拍照的我們，和我們保持著距離。

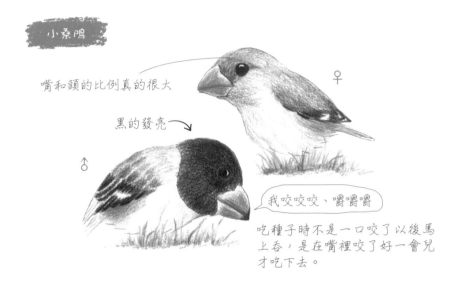

小桑鳲

嘴和頭的比例真的很大

黑的發亮

♀

♂

我咬咬咬、嚼嚼嚼

吃種子時不是一口咬了以後馬上吞，是在嘴裡咬了好一會兒才吃下去。

　　金門的浯江溪口也是水鳥們重要的冬季棲息地，我們來的時候雖然是退潮，但還是有一些水鳥在離我們比較近的濕地上覓食。我其實很愛看水鳥們覓食，比起山鳥容易觀察許多，不會咻一下不知飛哪兒去，連個影子都看不清楚。首先發現到一隻離我們最近的鳥是翻石鷸。顧名思義，翻石鷸會一邊走一邊用嘴喙翻起石頭，動作相當迅速敏捷，很有趣。

　　水鳥雖然比山鳥容易觀察，但卻比山鳥還難辨識種類，因為冬羽的水鳥看起來總是灰灰的，所以我先暫時擱下水鳥的觀察，將雙筒轉向遠方，搜尋其他任何可疑的目標。這時遠方有個鮮豔的螢光藍小點引起我的注意，在一片土黃色、卡其色的泥灘地上，這鮮豔的色彩格外突出搶眼，加上任何樹枝的枝條、木樁、水泥塊、排水孔等頂端突出物，都是鳥兒們可能會暫停的點，因此找尋鳥兒時都要將這些線索優先列為搜尋瀏覽重點，而我憑藉著 1. 螢光藍的鳥；2. 濕地河口環境；3. 可能是吃魚的；4. 單獨出現等，即研判應該是隻翡翠類的鳥兒。

翻石鷸

誠如其名,一邊走一邊翻動石頭覓食,翻動的速度相當快,大約一秒鐘翻了三下的節奏。

叭叭叭的翻動

可以翻動蠻大的石頭,比牠的頭還大顆的也翻得動,很厲害。

　　牠站在八十公尺外的木枝上背對著我們,由於恰巧牠低著頭,陽光剛好露出來,所以在有點逆光的角度下(任何鳥在逆光角度下都是黑黑的),就更不利於辨識,只能祈求牠能轉過身來。就在這時,心想還不知道牠到底是什麼翡翠時,牠竟然「喞!」一聲地飛走了,我立刻放下雙筒,試著用目光跟上牠的飛行路線,「啊!太好了!」牠停棲在更近一點的地方了,而且還是側面,深紅色的頭、大嘴與螢光藍的背,形成強烈對比,這下非常好認,牠是蒼翡翠。這麼快就看到金門的三種必看翡翠之一,真的是太開心了。

蒼翡翠

白胸翡翠

體型約27公分，比翠鳥大很多

陽光下烏褐亮麗

呈現螢光藍色的背部

紅色大嘴粗又厚，但透亮的紅像紅寶石般耀眼。

好像聖誕老公公的鬍子

- 在植物園、浯江溪口、官澳、田墩、陵水湖都看見牠的身影，感覺在金門要看牠比翠鳥還容易些。

- 親眼從單筒看牠，我只能說：「真美！真漂亮啊！」當下感動的說不出話來。

看夠了蒼翡翠，再把視線回到近處剛才在濕地上疾疾行走覓食的那群水鳥。這群水鳥有大有小、有高有矮，遠遠看去一片灰灰的，但是其實有許多不同的種類混在一起。

黑腹濱鷸、紅胸濱鷸、青足鷸、黃足鷸等水鳥們喜歡成群活動，牠們的覓食方法是典型水鳥「戳戳戳」的方法，水鳥們在

青足鷸

赤足鷸

東方環頸行鳥

黑腹濱鷸

沙灘濕地覓食時，因攝食濕地上不同的底棲生物，因此長期演化
下來發展出長短不同的嘴喙，以這一小群的黑腹濱鷸來說，牠的
頭和嘴比例算是有點長，筆直的嘴尖端有點微微下彎，是我辨識
牠的重點，身體的羽色呈中灰色，沒有什麼特色，覓食時的節奏
是用嘴像探針般不停地在泥地裡戳，很少抬頭。

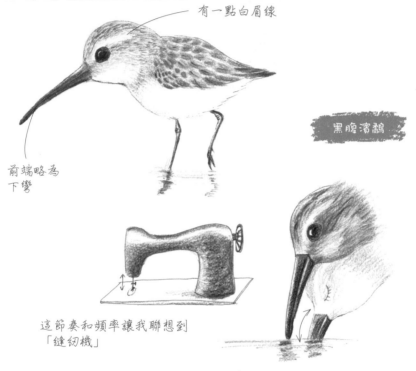

有一點白眉線

黑腹濱鷸

前端略為
下彎

這節奏和頻率讓我聯想到
「縫紉機」

很快速的在泥灘地裡上
下戳動

　　遠遠一端有另外一隻水鳥走了過來，牠的羽色斑駁複雜，
和濕地的背景色非常相近，但是因為正在走動，加上牠那又長又
彎不成比例的嘴，看起來起碼有頭的三倍長度，身形為中大型，
並無多少種的水鳥和牠相似，所以算是好認的鳥，牠是大杓鷸。

大杓鷸

極長又下彎的嘴

　　大杓鷸的嘴很長，覓食節奏和黑腹濱鷸相當不同，雖然也是「戳戳戳」，但長長的嘴插到比較深的地底，反覆地探測戳食時拔出來的速度就比較慢些。此外，濕地還有一種鳥，體型比黑腹濱鷸小一號，腹部具有明顯的雪白顏色，又圓又鼓，我一直覺得牠若從正面看起來，頗像顆小雪球，相當可愛。牠的覓食節奏和黑腹濱鷸、大杓鷸更加不同，看起來是短腿一族，可是跑步速度超快，遠遠看就像顆雪球在滾動，雖然有時會和黑腹濱鷸混群，但也常常三、五小群分散在同一片濕地覓食。由於牠嘴喙短，戳不到太深的泥地，覓食的節奏通常是先快跑一段距離，然後突然緊急煞車停住，快速地低頭啄食一下，然後反覆的跑、停、啄，跑、停、啄。

1. 白色的臉和肚子，正面看起來像顆小雪球。

咻～～

3. 我啄～

2. 不到一秒的時間，突然飛奔而去。

　　沒想到不同的水鳥，就有不同的覓食方法，非常有趣！看完了水鳥，我們來到莒光公園和莒光樓。據說莒光公園是「地啄木」比較容易出現的地點，可惜我們等了又等，始終沒有出現，有點小失望，當我們準備上車離去時，領隊老師突然指著天空大叫「斑翡翠在空中懸停」。

　　懸停，指的是在空中拍翅，停留在某處定點不動，（有些種類的鳥或猛禽也會如此），翡翠之類的鳥在準備俯衝捕魚的前一刻，通常會有這動作（所以和蜂鳥、小雲雀、透翅天蛾的懸停原因不太相同）。說時遲那時快，斑翡翠瞬間收翅，急速又筆直的從半空中衝入水裡，然後立刻又飛離水面，這過程常令人嘆為觀止，百看不厭。

體型也不小（25公分）

快速拍翅

- 懸停：在半空中定點振翅，常常是準備要俯衝入水捕魚。

  看到這畫面我的精神立刻振奮起來，相機也準備好連拍模式，當牠衝向水面的瞬間，我比牠還緊張（捉到魚了嗎？哈哈～）

- 比起其他翡翠，牠通常只用迅雷不及掩耳的速度（1/100秒）衝入水中捕魚。斑翡翠定點鼓翼的捕魚過程還算讓人來得及捕捉這精彩的一幕。

　　在莒光樓的草坪，很容易就能觀察到「戴勝」。牠的名字初聽覺得很特別，令人不禁好奇有何意義？原來古人說「勝」者，即頭飾、髮飾、首飾或頭冠，戴勝指的就是頭上戴著像頭飾一樣的鳥。戴勝平常頭羽是收合的，只有在受到驚嚇時才會張開，張開頭冠的那一瞬間，鮮黃色顯眼的頭羽呈扇形或半圓形狀，相當漂亮。

　　戴勝在金門還有「墓坑鳥」之稱，據說繁殖期時會在墳墓或殘破的古厝繁殖，金門人視為不吉之鳥。在台灣，戴勝是少量度冬或過境，目前並無繁殖紀錄，因此這是來金門必看的鳥種之一。

- 一定要記上一筆的戴勝，在金門算是很普遍的留鳥。

- <u>戳戳戳</u>的覓食動作也很像農夫在鋤土翻田的感覺。

（雞母蟲）　戴勝的

「勝」者，首飾也！

平常多為收合，受到驚嚇或停棲時那一瞬間會張開。

一秒戳了 3～4 下

快速的戳戳戳，好像「地上的啄木鳥」

旱地、短草莖地

　　其實在金門也不一定要到特別的鳥點才能觀察到野鳥，就在我們準備離開這裡往下一個目的地移動時，遊覽車旁的木樁上停著一隻黃尾鴝雄鳥。鴝科這類的鳥喜歡停棲在沒有遮蔽的枝條頂端或是突出物上，為的是捕食草地裡的昆蟲後再飛回原地。我先是遠遠地拍一張，然後慢慢靠近，想不到牠還不太怕人，因此我連續拍了幾張清晰的照片後才心滿意足的離開。

黃尾鴝

頭頂灰白色，並不是反光喔！

背羽黑色，和肚子成強烈對比。

肚子呈橘黃～橘紅色，非常顯眼。

喜歡站在柱子的頂端，枝頭或領域中的最高點。

| 黑頭翡翠 |

　　蒼翡翠、斑翡翠和黑頭翡翠都是台灣難得一見的鳥種，來到金門，就能大飽眼福，一次欣賞到三種翡翠喔！

　　話說在台灣算是常見的翠鳥，反而在金門較為少見，而這三種翡翠在體型上都比翠鳥大上許多，根據圖鑑資料，蒼翡翠約27～28公分、斑翡翠25公分、黑頭翡翠28公分、翠鳥約16公分。我們觀察到的這隻黑頭翡翠被鳥友們暱稱為「小乖」，意思是乖乖地不動，很好找也很好拍。但或許是我們去的人太多，多少還是對牠造成些壓力，因此牠的警戒心很強，始終離的很遠，加上剛好站在對岸，正對著太陽的位置，一整個大逆光，所以也只能勉強地拍張記錄照啦！

金沙溪口附近（田墩）

- 來金門，一次看到了三種翡翠（蒼翡翠、斑翡翠、黑頭翡翠），實在太讚了。
- 大概是我們一群人浩浩蕩蕩去看牠，所以躲得老遠，加上牠的位置正頂著陽光，鏡頭裡白茫茫一片。

→ 傍晚等著吃晚餐

→ 木麻黃（半遮掩）

在觀察黑頭翡翠時，褐翅鴉鵑遠遠地在對岸石灘上走來走去，像是在找吃的，我們就看著牠從遠遠的那頭一直走到這頭，一直走，一直走，直到看不見牠的身影。哈哈！其實這是賞鳥常遇到的事，沒看到什麼特別的，有時只有空空的等待，或者僅有驚鴻一撇的身影，並不是每次賞鳥都能稱心如意，也不是都能看到彷彿電視頻道播出的奇觀畫面，但只要親身體驗過一次自然之美，你就會深深著迷。

褐翅鴉鵑（杜鵑科）是金門的普遍鳥種（簡稱普鳥），但並不會出現在台灣。果然如同鳥友們說的，許多在台灣看不到或者是稀有鳥種，在金門都能常常看到，這讓我有股衝動想搬到金門來住，然而冷靜思考後想到，假如有一天真的住在金門，恐怕也要羨慕住在台灣，可以常常上高山拍那二十幾種特有種山鳥的人了。

除了紅褐色的背和雙翅，其餘黑色倒是和番鵑顏色很像。

雖說是杜鵑科的鳥，可是怎麼感覺和喜鵲有點像，喜歡在地上一直走，體型也差不多大小，尾羽也長長的。

在金門還會經常見到一種鳥，全身黑色（深色），但是腹部呈白色，常常會高高地翹起尾巴，有時「鳥」未到聲先到，牠的叫聲婉轉多變，常讓人誤會是否為畫眉鳥在鳴叫，但再看到牠現身時，反倒覺得羽色似乎過於平淡了些，無法和叫聲聯想在一起。在台灣牠是逸鳥，原本是籠子裡的寵物鳥，但被逃逸後在戶外繁殖開來，所以數量也不少。說了半天，牠就是「鵲鴝」，然而在金門，鵲鴝可是在地鳥種喔！

鵲鴝 ♂

叫聲婉轉多變，不太怕人。

喜歡把尾羽翹高

黑白分明的鳥

翅膀略為下垂

看完了小乖，我們前往慈堤。在慈堤沙灘上有一群小型水鳥在休息，每隻都把頭埋進翅膀裡，有些還單腳站立。其實很多鳥休息時都是這個姿勢，我很納悶，一隻腳站立不比兩隻腳來得累嗎？或許這是我從人類的角度來看，但從鳥的角度並非如此吧！

水鳥睡覺時喜歡把頭
向後轉，翅膀埋住半
個頭、眼睛和嘴。

眼睛睜開偷看一下

單隻腳站立是
休息狀態

　　我們會來到這裡，其實是爲了等待傍晚，慈湖邊將要上演重頭戲——鸕鷀夕歸。來到金門賞鳥，這場面是一定要看的。冬季的金門每到傍晚時分，便會有一群鸕鷀從對岸飛來慈湖周圍的防風林（木麻黃）上棲息。這些鸕鷀的數量相當龐大，從四、五點開始，便會一波波陸續飛來，持續一個小時以上，屆時木麻黃上會停滿密密麻麻的鸕鷀，放眼望去許多木麻黃被染成白色的樹，而那些樹會變成白色，其實是鸕鷀的糞便造成的。由此可知，停棲在木麻黃上的數量之多啊！

　　當早晨來臨，鸕鷀會離開木麻黃去覓食，傍晚再飛回來慈湖休息。這情景只發生在冬季，到了春、夏之時，鸕鷀便會返回北方繁殖，直至來年冬天再回來。這天，我們的運氣很好，不僅天氣晴朗，傍晚的夕陽也相當漂亮，鮮豔的橙橘、火紅色染紅了天空，慢慢地，看到鸕鷀呈斜一字形或人字形，一列列的飛過天空，慢慢地由遠而近，有的盤旋，有的飛往遠處，有的直接停在沙洲上，直到夕陽西下，夜色升起，冷冽的海風持續吹拂，使得臉和手腳都已經凍僵，我們才心甘情願的離開這裡。

金門慈湖
成千上萬的鸕鷀在
夕陽西下時分列隊
返回防風林棲息

一波又一波，
甚為壯觀。

　　翌日，我們來到小金門賞鳥，小金門給人的感覺比金門本
島更悠閒、純樸，有種彷彿回到三十年前的台灣鄉村氛圍。大家
都知道金門本島的守護神是風獅爺，然而在小金門卻是風雞，在
碼頭、民宅、寺廟、景點等處都能看到雞的雕塑。

小金門（烈嶼）

- 風雞的故鄉
- 傳說以前在小金門有
  位農夫的田裡出現一
  隻白雞，白雞會跟
  在犁過的田後方啄
  食，由於當年的
  收成很好，農夫
  為感念白雞為他
  除蟲，就開始奉
  白雞為守護神。

- 一到金門（九宮碼頭）便
  是一隻高高的風雞迎接我
  們。
- 大金門→小金門
  搭船約10來分鐘
- 小金門感覺很有鄉下純樸
  的味道，氣氛頓時悠閒了
  起來。

| 棕背伯勞 — 暗色型 |

　　一下車走沒多遠，就在民宅旁的樹上看到暗色型的「棕背伯勞」，外形和棕背伯勞簡直一模一樣，差別在於牠是曬黑版，相當特別有趣，從來沒看過這個色型的伯勞。伯勞這類鳥兒都是冬候鳥，春去秋來，不過在台灣有棕背伯勞、紅尾伯勞、紅頭伯勞、紅背伯勞、虎紋伯勞等，就是未見過暗色型的棕背伯勞，若哪天一不小心飛到台灣，可是會造成轟動。

棕背伯勞─暗色型

長相一樣，顏色不同

頭頂：灰

背：灰～深灰色

腹部灰色

棕背伯勞（一般正常）

額頭到眼睛：黑色眼罩

頭頂：灰

背：紅棕～土黃帶橘色

下彎的鷹鉤嘴

腹部白色

| 玉頸鴉 |

　　在陵水湖的步道上，兩旁的木麻黃樹上除了有零星的幾隻鸕鷀外還有玉頸鴉，牠也是金門特產的鳥種，為在地留鳥，一年四季都待在金門，也在金門繁殖，但台灣本島似乎是迷鳥。我第一次見到這種鳥時，牠停棲在高高的木麻黃上，從胸前到頸後有圈白色羽毛，除此之外全身烏黑，黑白羽色對比強烈，讓我聯想到鴉科的喜鵲，除了羽色和喜鵲不同外，體型比喜鵲大一號，且更為壯碩，其餘特徵就和喜鵲差不多，同有著堅硬大嘴，雜食性，在地面移動時也和鴉科鳥類一樣，抬頭挺胸大步的邁進，平常會單獨或三、五隻活動。

玉頸鴉　金門特產

圍圍巾就不怕冷喔！

• 算是我的新鳥種之一，台灣沒有。

其實很少在地面，多半見牠在很高的樹頂。

　　有點意外的是，沒想到在這裡看到二隻黑面琵鷺，都縮起一隻腳在休息，一副怡然自得的模樣。突然間，其中一隻放下縮起的腳，出現有點緊張的姿態，一群尖尾鴨凌空飛過，原來是魚鷹由遠而近慢慢地盤旋著，然後遠離，就在魚鷹引起的小騷動之後，大約過了半小時，兩隻赤頸鴨才慢慢地從草叢中游出來。

黑面琵鷺

赤頸鴨

在靠近海邊的堤岸，沙灘上露出一根根斜斜的「軌條砦」，其實在金門海灘上到處可見，當初是為了軍事用途反登陸而建，今天則成為金門的特殊景觀。此刻正是退潮時分，水鳥群退到遠處約 200 公尺的潮線，連透過單筒望遠鏡看起來還是很小，反倒是對岸簡體字的統戰標語還比較清晰。

用餐過後，我們又回到金門本島。官澳的海堤邊不遠處有群特別的水鳥在礁岩上休息。有著紅色嘴喙的是蠣鴴，還記得第一次是在鰲鼓見到蠣鴴覓食，非常驚奇，牠疾疾地走在海邊礁岩上上下下，一邊走一邊用嘴撬開岩石上的貝類，就像養蚵人家，用工具沿著蚵殼小縫撬開牡蠣那樣，只是蠣鴴用嘴，好厲害的嘴上功夫，難道這就是傳說中「鷸蚌相爭」的那種鷸嗎？沒有細究文獻，可能無法確定古書裡指的就是牠，不過應該是這類鳥兒的可能性很大，當然蠣鴴除了蚵仔也會吃海蟲之類的食物。

有一點「叩頭」

又長又大的紅嘴相
當鮮豔明顯

用嘴尖插入石
蚵和岩石縫
中，用力一撬。

　　蠣鴴在台灣並不常見，數量也很少，但是在金門數量很多，也很常見，觀察距離也比在台灣時近很多，但是今天來的時候恰巧是水鳥們的午休時間，因此沒看到牠們覓食。另外一種在海裡游著有點像鸕鷀，但是沒鸕鷀那麼黑，頭部羽毛還有點翹翹的是「冠鸊鷉」。牠的潛水功夫堪稱一流，一會兒潛進海裡捕魚，一會兒又浮出海面，在海上載浮載沉的漂著，好像一艘艘小船在水面。

 蠣鴴（蠣鷸）　• 官澳海堤（下午2：30）多半在休息

中杓鷸（約10隻，可
能也有大杓鷸）

黑腹等小型鷸水鳥，
約30～50隻。

• 把頭藏在翅膀
裡休息的蠣
行鳥

裡海燕鷗，約5隻

冠鸊鷉（3隻），
在海裡不停地潛
水。

137

有趣的是不知為何眾水鳥們很喜歡這幾塊礁岩，小小的礁岩上擠滿了上七、八種水鳥，數量多達上百隻在這兒休憩，等到漲潮時分礁岩露出海面的部分愈來愈小，水鳥們就會陸續飛走，但總有些鳥非得等到沒有立足之地了才肯飛走。

傍晚時來到浦邊海岸，據說這裡有黑鸛穩定在此度冬的記錄。我們小心翼翼地走過泥濘不堪的潮間帶，因為一不小心可能滑一跤或是一腳踩在泥裡拔不出來，而且還要避免發出過大聲響，然而黑鸛在遠處就發現我們的存在，紛紛挺立身子警戒著，當同行友人想靠近一點，牠們一下子就通通飛走了。

浦邊海岸～黑鸛

(一家三口 & 一隻落單)

- 在金門及台灣都是稀有冬候鳥

據說近年來有持續穩定過冬的紀錄

很高的草擋住一些視線

距離約100～150公尺

身高100公分，比蒼鷺大，雙翅打開(翼展)約170公分。

- 我們運氣不錯，一次看到四隻，雖然距離很遠，但牠們還是很怕人，同學想靠近一點拍照，就通通飛走了。

- 濕地越來越少，據網路資料，中國境內數量小於1000隻，因此也被列為瀕危物種。

退潮的潮間帶泥濘不堪

其實黃昏光線不佳，實在看不出黑鸛的迷人風采，但是「冬候鳥」的個性就是對於度冬地有很高的忠誠度，只要度冬地環境不改變，食物不虞匱乏，牠們每年都會回來，當每年造訪時能看到牠們安然無恙的度過一年，就會感覺很欣慰。

被家八哥等外來種排擠

八哥（台灣/金門原生種）

• 在台灣（尤其是台北）愈來愈少見的八哥，一到金門到處都是，而且在金門似乎還是強勢鳥種，聽說會欺負斑翡翠的幼鳥。

好可憐……嗚

• 八哥和其他八哥最大區別就是那象牙白的嘴，一眼就能辨認出來。

兩翅有「白斑」

• 總是成群結黨的出現
• 非常聒噪
• 會和椋鳥科混群

八哥科的鳥雙翅外緣都會有白斑，飛行的時候更明顯。

　　八哥，台灣俗稱「加令」，生性喜歡成群出現，近年來在台灣的數量因為外來種八哥（家八哥、白尾八哥等）的排擠，食物和巢位都被搶走，導致數量減少，不過在金門數量反而還很多，而且屬於「外來種」。這次來到金門，無緣一見環頸雉、髮冠卷尾、地啄木、水獺和鷺的風采，而夏天的栗喉蜂虎也相當引人注目，都等著我再次造訪。

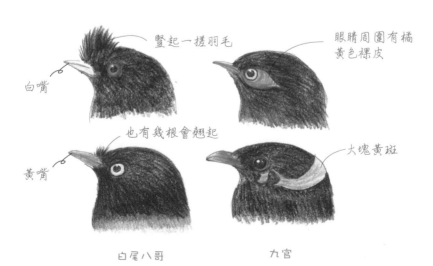

八哥　　　　　　　　宗八哥

豎起一撮羽毛　　　　　　　眼睛周圍有橘黃色裸皮

白嘴

也有幾根會翹起　　　　　　　大塊黃斑

黃嘴

白尾八哥　　　　　　九官

海上桃花源

春季馬祖賞鳥行

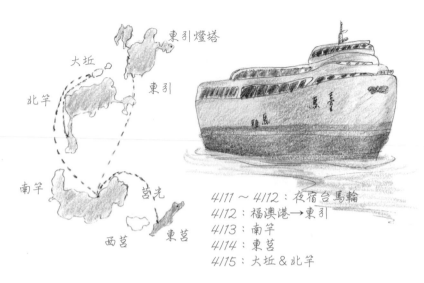

東引燈塔

大坵

北竿

東引

南竿

莒光

西莒　東莒

4/11～4/12：夜宿台馬輪
4/12：福澳港→東引
4/13：南竿
4/14：東莒
4/15：大坵＆北竿

　　馬祖，在我印象中一直是個遙不可及，似乎只有阿兵哥才
會去的地方，沒有想到我竟然有機會跟著鳥會到馬祖賞鳥。出發
當日我們搭乘近午夜的船班由基隆港上船，夜宿台馬輪（現在有
台馬之星），行前還很擔心會暈船，還好一夜的風浪並不大，像
睡在搖籃般，天亮醒來就到達目的地——南竿福澳港。

→ 麻雀
赤喉鷚　　麻雀 ←

小鷚 ←

→ 小鷚

短草地

馬祖南竿福澳港往清水
濕地路旁的草地

• 赤喉鷚 & 小鷚混在
　一群麻雀中覓食

• 乍看之下，體色、體
　型都和麻雀像極了，
　不注意看真的分辨不
　出來。

　　一下船走沒多遠，在往清水濕地的路旁草地上有群小鳥在覓食，肉眼看起來像是群麻雀，透過單筒望遠鏡仔細一看，原來有幾隻長得和麻雀不太一樣，臉頰紅通通的是小鵐，頭頂有很多黑色條紋的是赤喉鵐，不注意看還真難分辨出麻雀來呢！不過牠們的食性都是吃草籽、種籽，跟麻雀很像，也難怪會和麻雀們混群，只不過這些鵐科、鷚科的鳥兒大部分都是候鳥，春去秋來，和長年生活在本地的麻雀不一樣。

馬祖南竿清水濕地

水鳥們也從樸素的冬裝紛紛換成紅褐色的夏裝。

冬羽　　　———▶　　　夏羽

　　到了清水濕地，濕地裡有些水鳥，春天已是候鳥們北返的季節，還沒有離開的水鳥們也紛紛換上春裝。話說，水鳥們來到台灣過冬時，通常不需要像繁殖季求偶時有著鮮豔的羽毛來打扮自己，反倒是需要低調以免招來天敵的青睞，在遷徙路程中盡量減少體力的消耗，所以我們看到水鳥在度冬地，通常羽毛是呈現灰色或灰白色，大多數是不太起眼的樸素冬裝，然而到了春天需要北返到繁殖地的前後時節，牠們就會換羽，此時你會感到訝異，水鳥們的繁殖羽雖然沒有五彩繽紛，但也堪稱「濃妝」，像是鷹斑鷸的繁殖羽，由原來的深灰色布滿白斑點羽色，轉變為紅褐色至深褐色，小環頸鴴也長出濃眉和粗黑眼線，這種冬、夏羽對照的觀察也很有趣。

尖尾鷸

非繁殖羽（冬羽）
全身以灰色調為主

繁殖羽（夏羽）
濃的橘黑色調

腹部尖尖的
斑紋明顯

小環頸鴴

眼睛的金框不明顯

脖子有一圈白
色的環頸

眼睛的金框超明顯

全身灰褐色

眼睛和脖子多了
很多黑色的線

　　接著我們又搭船前往東引，從南竿福澳港到東引的中柱港
大約需要二小時，在東引的運動公園看到開滿遍地的藍色小花名
爲「海綠」，還有許多毛茛類的金黃色小花穿插其中，馬祖的春
天野花遍地綻放，真是夢幻呀！

海綠

—— 藍色的花瓣

第一次看到藍色
的小花覺得好夢
幻，飽和度很高
的藍，感覺像是
從童書繪本裡跳
出活生生的花。

某種毛茛類的小花

阿拉伯婆婆納

南國薊

海桐

—— 白色小花開在中間

葉片外緣向下捲，
本來就是這樣嗎？

有著灌木般的高
度，像綠籬般在
馬祖到處都是。

145

突然，我看到草地裡有隻鳥兒探出頭來，再仔細一瞧，竟然不只一隻，只見牠們警戒地看著我們這群陌生人到訪。雖然我們放慢腳步並蹲低身子，想再靠近看清楚些，但有幾隻鵪鶉還是被我們嚇了一跳，「喞喞～」地邊飛邊叫，就在我們目光跟著鵪鶉落在遠方草地上時，發現在那一旁有隻小雲雀，灰褐色的羽毛堪稱是絕佳的保護色，要不是因為鵪鶉飛過去停在旁邊，還真難以用肉眼發現牠的蹤影。而在此時，牠也緊張地稍微翹起頭羽，彷彿梳了個飛機頭的髮型，非常有個性，並疾疾地走到隆起的高土堆上左右張望著。

小雲雀

頭羽稍微有點翹翹的

全身土黃色至褐色，雜著深褐色斑紋的羽毛，停棲不動時，跟田裡土塊的顏色相近。

不停地走來走去，但是不會像鵪鶉一樣上下擺動尾羽。

後趾趾甲會特別長，此特徵觀察時並不明顯，需用電腦檢視照片才清楚。

　　沿著跑道繞行運動公園，突然間賞鳥前輩低聲呼喚我們，順著手勢往遠方望去，卻啥也沒看見，直到架好單筒望遠鏡才看到約八十公尺外的草叢中露出一個黃色嘴喙，身體大半被遮住，然而有這特徵的野鳥並不多，翻閱一下圖鑑，查出原來是「跳鴴」，這也是在台灣很少見的鳥，奇怪的是，牠並非以跳躍移動而是用走的，那為何取名為「跳鴴」呢？

即使遠在 80 公尺外，黃色的嘴喙依舊非常明顯。（跳行鳥，夏羽）

• 三隻東方紅胸行鳥（冬羽）

開滿藍色小花 —— 海綠的草地

　　離開運動公園後，來到似乎是軍營附近的步道，一路上走得氣喘吁吁的我，想要屏氣凝神地觀察四周樹林內的動靜，根本辦不到，逆光的樹林只有匆匆一撇到紅尾鶲，雖然鶲科鳥類有著「去而復返」的習性，但是狹窄的階梯實在不合適我們一大群人停留太久，只好繼續往下一站前進。

　　拖著疲憊的腳步「爬」上領隊老師極力推薦的東湧燈塔，果然，「小希臘」美名名不虛傳，純淨的天空，湛藍的海水，燈塔在陽光下閃耀著純白，美極了，我們在這兒欣賞難得的美景，拿著手機和相機拍了又拍後才心滿意足的離開。

東湧燈塔

配上碧海藍天，白色的石階，
純淨的空氣，美得讓人以為
來到希臘或地中海般。

　　接著來到酒廠附近的一處小菜園，由於周遭有片樹林，加上酒廠排放酒糟用的水溝和灌溉用溝渠流經，因此也吸引一些鳥兒在這兒棲息，像是小鵐、白眉鵐、黑臉鵐等輪番上場，看來春季的馬祖，鵐科的鳥兒占了不少數量，但是一整天下來要辨認出這些長像相似的鳥兒，真的是不容易啊！

白眉鵐　　　　　**黑臉鵐**

像麻雀一般大小的野鳥，花紋與麻雀相似，但其
實兩者為不同種類，仔細一看，各異其趣，但都
非常可愛討喜。

小巫鳥　　野巫鳥

　　接著車行來到國之北疆，這裡是我國最北邊的地方，果然馬祖到處都是無敵海景，不過海風也吹得讓人有些承受不住，來到觀賞夕陽的最佳位置，看著落日慢慢下沉，暮色漸漸升起，我們也結束了這趟東引行程。

　　回想起來，在馬祖很有趣的一點就是在菜園賞鳥，在南竿的這天行程，也是從菜園賞鳥開始，穿越牛角聚落的石階，馬祖傳統住宅（閩東式石屋圖）似乎愈來愈少，西式的透天厝愈來愈多，有點感嘆在生活舒適便利和保留傳統之間，確實是個難題啊！

開得又高又小　　　　　　　　　　　　　　　　　屋頂有許多壓瓦石

石牆

在賞鳥等鳥的空檔，想起沿途會看到一種攀爬在樹幹、石壁上的植物，甚至長成低矮灌叢，到處皆看得到，葉片從拇指般大小到十公分長都有，有點像似藤類，綠色果實呈紡錘形，最大可達拳頭或芭樂般大小，垂吊在半空中，詢問了領隊老師後才知曉，原來它就是台灣常見的「薜荔」，只是台灣的薜荔似乎沒見過這般肥大壯碩，一時間認不出來，或許是馬祖的陽光充沛、土壤肥沃，因此不僅薜荔比台灣的大上一號，連普通的黃花酢醬草其花與葉子也是比台灣大上一倍。

薜荔的果實

5～10公分

拳頭般或芭樂般大小

尾部有一點尖凸

- 第一次看到薜荔植株同灌木般高大，還能結出芭樂般大小的果實。

- 以前看到的葉子都很小片，攀附在岩石、牆壁或其他喬木樹幹上，花市也有盆栽販售，作為景觀植物或綠籬用。

身在台灣可能有點難想像「菜園」也是一個賞鳥點，尤其是在連江縣政府的前面，繁榮的商業地區，就有一塊著名的菜園，美其名「蔬菜公園」。

蔬菜公園

　　印象中鷺科這類鳥兒多半會在水邊濕地出現，或躲在蘆葦叢中擬態，在這熱鬧的市中心，旁邊就是呼嘯而過的車輛，這隻「池鷺」躲在幾棵香蕉樹旁的草叢中，難道說牠也知道「最危險的地方就是最安全的地方」這道理嗎？這隻池鷺的頭頸呈紅棕色，背部為紫灰色，腹部白色，顏色對比鮮明，這麼漂亮的繁殖羽色，我還是第一次看到。在台灣這種鳥並不常看見，就算有也多半是非繁殖羽，而且個性多半害羞躲得較隱密些，能在菜園看見牠，我真的有些意外和驚喜。

・ 在市中心的菜園看到牠，令我感到吃驚。因為在台灣北部多半在池塘邊、濕地等水域邊才會看到，而且通常躲在隱蔽處。

・ 牠看見我們一群人盯著牠，似乎也有些納悶和緊張，呈現擬態姿勢。

用過午餐後，我們來到后沃水庫和津沙水庫。天氣好的日子是賞猛禽的好時機，因為天氣晴朗太陽大，熱氣流充足，猛禽這時最喜歡乘著熱氣流盤旋在山林、山谷間，不用費力地拍打翅膀，就可以慢慢滑翔，甚至像風箏一樣飄浮在半空中停留不動，我們用單筒望遠鏡追蹤觀察牠，可清楚看見牠的羽色在陽光下閃耀，很亮眼。

不時低頭向下
搜尋獵物。

• 像風箏般的鷲飄浮在半空中很久，陽光下牠的羽色很美。

此行來到馬祖，我初次見到零食蠶豆酥的蠶豆植株本尊，原來它長得相當高大粗壯，約有半個人高，葉片呈長橢圓形，豆莢約有十公分，剝開後裡頭就是綠色的蠶豆，成熟的蠶豆經過晒乾、油炸後就會變硬，種皮爆開，加入鹽巴調味後就成了可口的零食——蠶豆酥。

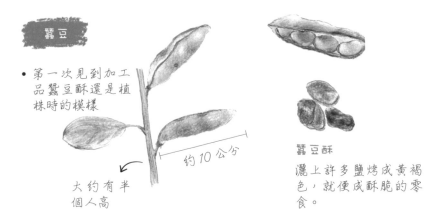

蠶豆

- 第一次見到加工品蠶豆酥還是植株時的模樣

約10公分

大約有半個人高

蠶豆酥

灑上許多鹽烤成黃褐色，就變成酥脆的零食。

　　行程第四天我們來到東莒，一下船，迎接我們的是遍地黃花。對植物有所涉略的鳥友說，這就是「月見草」。什麼！原來這就是號稱「生命之花」，在健康食品中頗富盛名的植物。所謂「月見」，是指夜晚開花，恰巧今日為陰天，所以白天還能見到花開滿地的盛況。

　　由於馬祖不少地方還有駐軍駐守，所以利用長鏡頭拍照或雙、單筒望遠鏡觀察時需特別小心，勿對著軍營以免發生誤會。還好我是跟著鳥會前來，或許比較沒這困擾。話說，通常賞鳥點和一般觀光客來到馬祖的觀光景點大不相同，一般遊客眼中看起來雜草叢生的環境，或是看起來有點荒涼的野地且人煙罕至的地方，在賞鳥人看來，都有可能隱藏著各種稀有野鳥棲息喔！

月見草開花
原本是晚上開花，因此陰天時呈半開闔狀。

153

在東莒行走了半天，感覺這裡很像是野柳的放大版，有走不完的石階，一大片防風林、峭壁、灌叢、草坡輪流穿插著，當走到百合步道時，滿樹的花雀就是個驚喜。前一分鐘還空空如也的竹林，忽然一大群鳥像是被風吹來一樣，一開始誤以為是落葉紛飛，舉起雙筒一看，竟是一群花雀。黃黑相間的羽色還真像樹葉般，雖然牠們忙碌的理羽，卻又和我們保持一定距離，不停地在茂密的枝葉中跳動，不一會兒，又全飛到樹林裡去了。

花雀

而另一項高難度的挑戰，就是柳鶯的觀察和拍攝，牠們不像花雀是一大群活動，通常只有單隻，體型約和綠繡眼差不多大小，但是卻很難停留在枝頭，拍翅的節奏比較輕盈且快速，我將其稱之為「蝴蝶般」的飛行路線。牠是有點難以預測的弧線，不像一般野鳥採直線、跳躍的飛停法，加上牠們喜歡在樹林的陰暗處活動，因此拍攝不易，而使用雙筒望遠鏡觀察也有相同困擾，經常還來不及看清牠到底有沒有眉線、有沒有翼帶，就只剩空空的枝條還在抖動著，連影子都沒有。

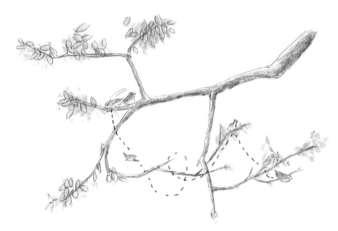

柳鶯2秒內的動態。
我稱之為蝴蝶路線，想要拍柳鶯可
是要練就人機合體的功夫才行。

在台灣野柳，過境期時偶爾會有白腹琉璃出現，不過這是
我第一次看到這種鳥，雄鳥羽色非常搶眼，深藍色至寶藍色的背
羽及接近螢光藍的頭羽，縱使在 100 公尺遠還是很好辨認。

白腹琉璃♂

→ 外形很像仙鶲

某種合歡

• 頭上羽毛呈白色，
看起來相當油亮，
背上接近螢光藍的
羽色令人炫目。

• 如同其他鶲科鳥兒的習性，牠
們會飛回同個停棲點，但我們
無法久留，須趕往下個地點。

來到馬祖，不可不提到這裡的古厝。由於馬祖地形崎嶇，古厝多半依山而建，採用當地花崗岩等石材砌石牆，加上早年居民多為漁民，家中人口稀少，許多石牆便砌成人丁牆，希望人丁旺盛。此外，馬祖海風強勁，窗戶都開得很高又小，屋頂有許多壓瓦石，以免強風將瓦片吹走。坐在山坡上的涼亭裡，望向大埔港視野開闊，景觀非常漂亮，有種時間彷彿靜止的氛圍，我想這才是真正的慢活吧！

人丁牆

馬祖東莒大埔聚落　　電影〈花漾〉曾在此取景

● 馬祖保留了許多舊式建築和古聚落，感覺非常有味道。

大埔港

兩端向上微翹的屋簷

花崗岩石牆

屋頂有許多壓瓦石

　　在前往莒光遊客中心的途中，傾斜的草坡由左往右側延伸至峭壁，中間隔著步道蜿蜒著，沿路海風強勁，樹叢都不高，穿插在大小岩塊周邊。正當大家在長長的步道前後分散開來尋找野鳥的蹤跡時，忽然領隊老師招手叫我們過去，在約三十公尺處有隻似乎是剛停棲的小杜鵑出現。

小杜鵑

和我們保持著
警戒距離

未鳴叫

短草地

→灌叢

- 在往莒光遊客中
  心的途中，面向
  海岸的邊坡，一
  隻似乎是剛抵達
  這裡的小杜鵑與
  我們保持著安全
  距離，卻又一直
  吃個不停。

　　午後，我們在遊客中心周圍作觀察，一隻藍喉鴝在草地上
來回走動覓食，我們蹲低姿勢慢慢前進，好像在跟牠玩一二三木
頭人的遊戲，但牠還是相當機警，只要超過牠的安全距離，便咻
一下飛到草叢後面去，然後再從別處冒出來。第一次看到藍喉鴝
實在驚豔於牠的亮麗外形，在台灣也屬少見，雖然是候鳥，但並
非每年冬天都會來台灣過冬，或許是因為馬祖地理位置比台灣更
靠近北邊，緯度高，所以有穩定的族群吧！

♀版藍喉鴝♂

- 這隻藍喉鴝的繁殖羽
  實在太漂亮了，藍紅
  分明，顏色又飽和。

- 在草地上來回走動
  和覓食

拍照時要是沒算準 timing，
就會像我總是拍到屁屁的鏡
頭，Orz……

- 藍先生的覓食是很有
  節奏性的：
1. 先小跑一段路（咻～）
2. 緊急剎車（停住）
3. 低頭啄食（屁屁翹高）
4. 抬頭停頓（尋覓下一個點）
5. 重複 1～4 步驟

| 東犬燈塔 |

有一片長長的白色圍牆，據說當初是因為這裡風勢強勁，為了安全和避免手上的煤油燈被風吹熄才建築此牆。由於有這圍牆遮蔽風頭，在此又觀察到一群金翅雀。

離開燈塔往下走便是福正聚落和福正沙灘，沙灘上有二隻高蹺鴴和蒙古鴴，似乎是漲潮時分，潮水來回拍打著沙灘，這二隻高蹺鴴十分怕人，我們遠遠的還在山坡上，牠們便開始伸著脖子，像是打嗝似的動作警戒著，等到我們想要通過這裡時，便「匹匹匹～」的邊叫邊飛走了。

金翅雀

東莒燈塔

此行經常看到金翅雀，當牠飛行時翼上那道金黃色的斑令人炫目。

馬祖大坵

北竿菜園

伸長了脖子吃草籽

高蹺鴴

沙灘

海浪拍打著沙灘

　　來到大埔石刻時我留在原地歇歇腿，等腳步與人聲都走遠時，眼尾忽然瞄見一隻黃眉黃鶲雄鳥跳出來停棲在枝頭，我真是太開心了，像是老天爺送給我的禮物一樣，我安靜地慢慢轉向側身，蹲了下來，心滿意足的拍了幾張照片。

黃眉黃鶲

在馬祖的最後一天，我們一早先到大坵島。由於鳥會是包船來的，一般遊客要前來的話可能要先打聽有無船班比較恰當，島上有間民宿，在這種偏遠、離群索居的地方開民宿，實在需要很大的勇氣呢！

　　我們沿著步道打算繞島一圈，走了大半路程正當在涼亭休息時，遠遠的山陵線上忽然冒出一隻鹿，接著三、五隻乃至一大群的鹿出現在山坡上，好不熱鬧。或許是島上難得有人來，牠們全都好奇地轉頭看著我們，實在太可愛了，我難掩心中的興奮，能親眼見到野生動物的感覺實在太棒了。

　　梅花鹿的公鹿頭上有著樹枝狀雄偉的角，據說兩歲後才開始長角，每年增加一分叉，直到五歲停止，因此可從鹿角來推算公鹿的年紀。有趣的是，後來沿著環島步道，我們又巧遇幾隻梅花鹿，甚至還有隻黃頭鷺停棲在梅花鹿背上，這下不是「牛背鷺」，而是變成「鹿背鷺」了，哈！

梅花鹿群

第一次看到鹿群，當牠們一整排轉向看著我們時，那畫面相當可愛，也非常有趣。

　　離開大坵後來到北竿的橋仔村，在大老遠就看到玄天上帝廟的封火山牆非常顯眼，其實在馬祖到處都看得到這種特殊的建築造型，據說封火山牆是爲了阻擋火災蔓延而來，時至今日，則演變成馬祖廟宇的一項建築特色了。

封火山牆

造型誇張的山牆，
而且還是鮮紅色，
好特別啊！

　　說實話，馬祖的沙灘都好美，不管是東莒的福正沙灘，北竿的塘后沙灘、坂里沙灘，皆景觀迷人。在沙灘上有些水鳥，像是東方環頸鴴、蒙古鴴、黑腹濱鷸之類的野鳥在覓食。蒙古鴴吃螃蟹的樣子很有趣，首先會看到牠若無其事的站在沙灘上，然後突然一個箭步往前衝，以迅雷不及掩耳的速度啄向地面的螃蟹洞穴，接著用嘴一一剪斷（甩斷）蟹腳再吞食。

蒙古鴴吃螃蟹

快速啄食

來到戰地，還有個不可錯過的壯闊景觀，就是應戰略需要而修築的北海坑道。由於馬祖的地質多半為花崗岩，可想而知這些地底坑道工程的難度之高，我想凡是到訪過這座坑道的旅者，沒有不為這堪稱鬼斧神工的壯闊景觀感到讚嘆與佩服吧！

南竿北海坑道

第一次走坑道，視線
黑且地面濕滑。

　　此次賞鳥行進入到尾聲，我終於一償宿願，觀察到家燕「啣泥築巢」的過程，雖然家燕在台灣是普遍常見的夏候鳥，但因為住家不在一樓，所以始終沒有機會親眼觀察。家燕們築巢時，嘴裡會含著一口泥，然後不停地堆疊泥塊，當形狀或位置有歪，還會用嘴左右推一推、壓一壓，彷彿人類用手捏陶土，只是燕子們改用嘴，頗為有趣！

　　最後，在北竿塘岐村街上吃完美味的午餐和繼光餅後此趟行程也結束了，但我知道，馬祖，我會再來的！

家燕啣泥築巢

• 第一次親眼見到家燕如何堆疊泥巢過程。

• 在台北，因為住家離騎樓有段距離，始終沒有機會親眼目睹，今日終於一償宿願，家燕真的很聰明。

PART 7

蘭嶼

島嶼自然生態體驗

蘭嶼，對我來說是個既陌生又神祕的地方，這次能夠跟著專業的生態老師一起探索蘭嶼，讓我感到相當興奮與期待。

　　抵達目的地後一下船，民宿老闆先招呼我們一人一台摩托車。在蘭嶼旅遊最方便的交通工具是騎乘摩托車，因為蘭嶼的環島公路全長大約三十七公里，若是環島一圈都不停車休息，大約一～二小時就能結束。

　　一到民宿，首先迎接我們的是朱槿花上的「珠光鳳蝶」飛舞畫面，但因為牠實在飛得太快，所以還來不及仔細觀察牠翅膀上的珠光就飛得老遠了，原本以為如此輕易就能看到珠光鳳蝶，應該是在蘭嶼相當常見，後來才得知其實牠在蘭嶼的數量已經不多，甚至入秋後的季節就更難見到牠的蹤影，只能說我們運氣很不錯，一到蘭嶼就有特有種蝴蝶作為最佳見面禮。

珠光鳳蝶♂

• 幼蟲以港口馬兜鈴為食草
• 蘭嶼特有亞種，瀕危，一級保育。

後翅逆光下拍動時會呈現藍色與金黃色的閃動

珠光名稱的由來

　　在晚餐前空檔，我們在附近的蘭嶼國小隨意走走，來到操場上，我見到一群約二十隻的黃鶺鴒在剛修剪過的草皮上覓食。正當我想為牠們留下身影，以作為我到蘭嶼拍到的第一種野鳥時，竟發現不是那麼容易，因為每隻鳥都保持警戒站在三十～四十公尺外的距離，當我躡手躡腳想再靠近一點，牠們卻立即飛遠些，我猜想這群黃鶺鴒們該不會是才剛抵達蘭嶼不久，才會如此神經緊繃，保持緊張戒備，而這季節會出現大量的鶺鴒，應該是度冬的先鋒部隊，爾後鶺鴒們會各自散開尋找度冬點吧！

黃鶺鴒

走走走，走個不停

抬頭警戒

邊走邊啄食

尾巴像是裝上彈簧一樣

尾羽上下抖動

167

在用過晚餐後，我們便開始進行夜觀。首先跟著老師的手電筒引導掃描周遭環境，其實在這季節能看到多少昆蟲我並無太高的預期。當老師用手電筒定住在同個位置，我睜大眼睛看了又看，實在看不出有什麼東西，直到老師爬到樹上指認，我還是遲鈍的沒任何發現，待牠從葉子上掉了下來，我才發現原來是蘭嶼大葉螽蟴。牠的體型非常大，前胸特殊的菱形造形非常特別，而且全身呈鮮綠的保護色。當老師將牠從地上撿起來放在葉片上時，牠會使出假死技倆，馬上又從葉片上掉下去。

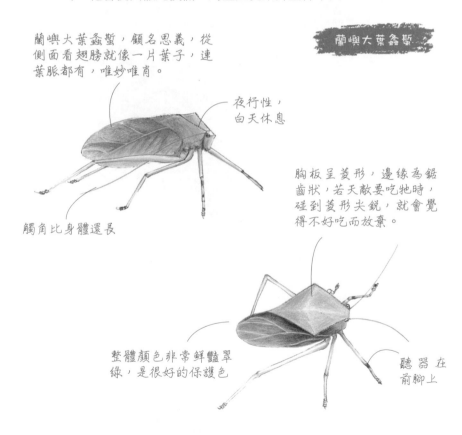

蘭嶼大葉螽蟴，顧名思義，從側面看翅膀就像一片葉子，連葉脈都有，唯妙唯肖。

蘭嶼大葉螽蟴

夜行性，白天休息

觸角比身體還長

胸板呈菱形，邊緣為鋸齒狀，若天敵要吃牠時，碰到菱形尖銳，就會覺得不好吃而放棄。

整體顏色非常鮮豔翠綠，是很好的保護色

聽器在前腳上

　　在蘭嶼這幾天，我見到一種特別的白色蝸牛 —— 光澤蝸牛，
牠的外觀大約有拇指般大小，在手電筒的光線照射下，呈現半透
明帶點螢光的感覺，有點像「夜明珠」般發光。不過要見到牠的
身影，必須低下頭來慢慢地仔細搜尋路邊的草叢或樹葉的葉背。

　　蝸牛的殼是與生俱來的，會跟著身體成長而逐漸變大，與
寄居蟹需要換殼不太一樣，在蝸牛死去之後，有些找不到貝殼的
寄居蟹也會利用蝸牛殼來作為暫時的家，然而蝸牛的殼比較薄且
容易破碎，所以如果到海邊遊玩時，千萬記得不要撿拾貝殼回
家，以免寄居蟹們找不到適合的房子喔！

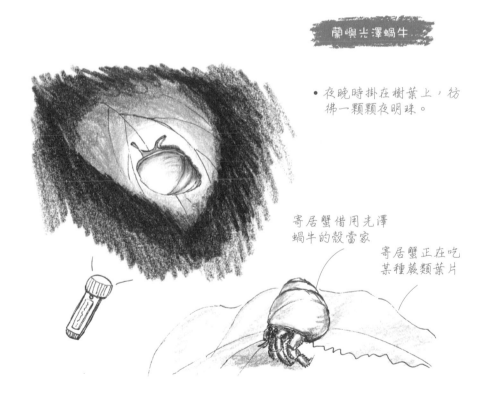

蘭嶼光澤蝸牛

• 夜晚時掛在樹葉上，彷
彿一顆顆夜明珠。

寄居蟹借用光澤
蝸牛的殼當家

寄居蟹正在吃
某種蕨類葉片

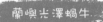

白色或青白色，樹棲性，常掛在葉梢。

成蝸會殼口外翻

眼睛長在觸角頂端

兩對觸角

兩者皆異體受精

名稱	口蓋	觸角	眼睛	呼吸	生殖
蘭嶼光澤蝸牛	✕	二對	觸角頂端	肺	雌雄同體
青山蝸牛(例)	有	一對	觸角底部	肺	雌雄異體

蘭嶼蝸牛

• 殼尖端朝上

開口向左→左旋
開口向右→右旋

也是二對觸角，為樹棲性蝸牛

俯視

殼口外翻，已是成蝸

左旋（蘭嶼蝸牛、斑卡拉蝸牛）

右旋（阿猴蝸牛）

↓

屏東舊稱

　　由於蘭嶼在氣候上和南島的氣候型態頗為相似，因此在夜觀進行到一半時，忽然豆點大的雨滴降了下來，大夥都還來不及穿上雨衣，瞬間就被暴雨淋成了落湯雞，只好折回民宿，中斷今晚的夜觀行程。

　　來到蘭嶼，我非常推薦浮潛，雖然我不會游泳，但還是換上潛水衣跟著教練們下水。一開始非常緊張，身體全身僵硬，死命的抱住游泳圈，待情緒稍微平撫後，這才開始欣賞蘭嶼海底世界的精彩。

海膽 — 浮潛

第一次浮潛，不會游泳的我拉著救生圈，跟著教練們漂了 40～50 分鐘之後，就只敢在潮間帶「浸泡」著，但是僅在如此淺的地方，也夠令人驚奇的。透過蛙鏡俯看海底，礁岩的孔洞裡有超多海膽、螃蟹和小魚，而且種類很多，海水超級清澈，連礁岩的顏色都很美。

在我身旁有許多小丑魚游來游去，很多色彩繽紛的熱帶魚成群結隊穿梭其間，不過魚兒們還是相當機警敏銳，當我想觸碰牠們時，牠們會立即游開。除此之外，還有各種叫不出名字的珊瑚、海葵、海菜等，甚至還有貝類、章魚，全都清晰可見。蘭嶼的海清澈無比，彷彿是電視頻道播出的海底世界實境秀，活生生的在我眼前上演，讓人驚豔不已。

結束這海底皇宮的體驗後，我們繼續從中橫沿路往氣象站方向前進，待停好車後，開始漫步上山，沿途觀察。

繽紛夢幻的海底

- 成群的熱帶魚在珊瑚礁岩間穿梭，太漂亮了，像是電視頻道播放的海底世界，或是卡通裡的情景活生生在眼前。
- 伸手可及的海葵、炫麗的珊瑚和優遊自在的魚群，能跟牠們一同游泳，真是不可思議。

海葵

| 蘭嶼筒胸䗛 |

　　為台灣體型最大的竹節蟲，也是蘭嶼特有的竹節蟲，「䗛」就是竹節蟲之意，「筒」是指牠的胸部呈圓筒狀。看看手繪示意圖中手掌的比例，真的很大吧！不過也不要被牠唬住了，因為竹節蟲會把兩隻前腳併攏往前伸，以讓自己看起來更長更大喔！

　　由於牠的翅膀已退化，只剩下小小的不太明顯的兩片，所以不具飛行能力，夜行性的牠，通常白天垂掛休息，晚上才會開始活動覓食。

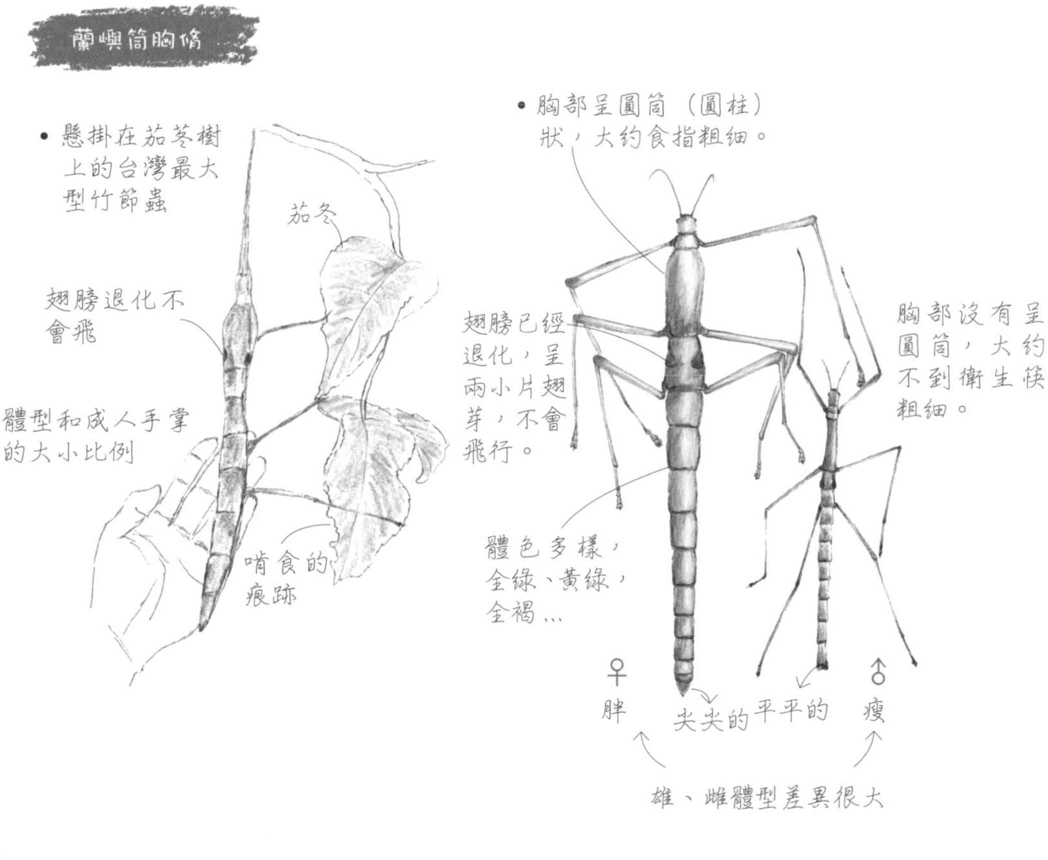

蘭嶼筒胸䗛

• 懸掛在茄苳樹上的台灣最大型竹節蟲

茄冬

翅膀退化不會飛

體型和成人手掌的大小比例

啃食的痕跡

• 胸部呈圓筒（圓柱）狀，大約食指粗細。

翅膀已經退化，呈兩小片翅芽，不會飛行。

胸部沒有呈圓筒，大約不到衛生筷粗細。

體色多樣，全綠、黃綠、全褐...

♀
胖

尖尖的 平平的

♂
瘦

雄、雌體型差異很大

| 球背象鼻蟲 |

　　又稱「蘭嶼幸福蟲」，因其翅鞘已經和後翅癒合硬化成堅硬的外殼，傳說若男士能夠單用手指壓扁，就能得到女士的青睞（現在數量稀少，都是二級保育類昆蟲，請勿嘗試）。也因為翅鞘癒合硬化，所以已不具飛行能力，只能爬行。土耳其藍的鮮豔光澤，加上圓球外形，遠看很像寶石一樣閃耀，可愛又漂亮。

大圓斑球背象鼻蟲

15
～
20mm

小圓斑球背象鼻蟲

12
～
15mm

辨識口訣：大三小四
大圓斑胸背板有三個圓斑
小圓斑則有四個

• 土耳其藍的斑點在陽光下閃耀著，彷彿林緣間的珠寶般。

• 我在火筒樹上發現一隻小圓斑，牠很機警的避開我，不論我轉哪個方向，牠始終轉到枝條的背面。

〈蘭嶼氣象站步道〉

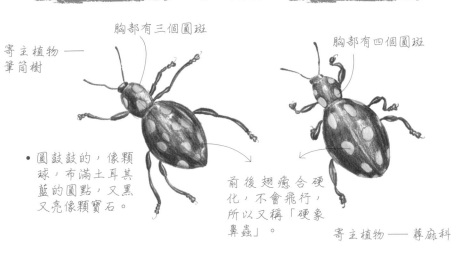

大圓斑球背象鼻蟲

二種都是特有
種、保育類

小圓斑球背象鼻蟲

胸部有三個圓斑

胸部有四個圓斑

寄主植物——
筆筒樹

• 圓鼓鼓的，像顆球，布滿土耳其藍的圓點，又黑又亮像顆寶石。

前後翅癒合硬化，不會飛行，所以又稱「硬象鼻蟲」。

寄主植物——蕁麻科

這幾種球背象鼻蟲都是黑色為底，小圓斑和大圓斑是圓形點點圖樣，條紋和斷紋象鼻蟲是類似「井」字的交錯紋路，另外還有一種天牛，模仿球背象鼻蟲的圖樣，簡直微妙微肖，一不注意就會被唬過去，不過最明顯的觸角還是不一樣，可以一眼分辨出來！

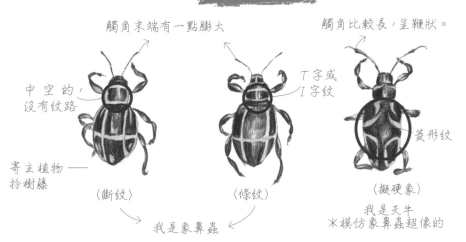

三種很像的蟲

觸角末端有一點膨大

觸角比較長，呈鞭狀。

中空的，沒有紋路

T字或I字紋

菱形紋

寄主植物——拎樹藤

〈斷紋〉

〈條紋〉

〈擬硬象〉

我是象鼻蟲

我是天牛
＊模仿象鼻蟲超像的

175

在台灣本島少見的棕耳鵯，在蘭嶼相當常見，幾乎是跟台灣的白頭翁一樣普及和吵雜，不過縱使常見卻不容易拍好，因為牠們多半停棲在距離很遠的樹上，只能靜待清晨、黃昏時分，牠們要覓食時比較有機會拍到近一點的畫面。

聒噪的棕耳鵯

兩隻棕耳鵯彷彿在
交談般，停棲在民
宿門口的電線上。

• 其實牠們的叫聲多樣，有點像
  「大卷尾＋白頭翁＋紅嘴黑
  鵯」的綜合版本，甚至我懷疑
  牠們會學別種鳥的叫聲。

• 棕耳鵯在蘭嶼就像白
  頭翁在台灣一樣普
  遍，也同樣聒噪。

　　蘭嶼的生物地理位置靠近菲律賓，因此氣候和物種與菲律賓較為接近，許多生物也因隔離在島上生活久了，而獨自演化出許多特別的習性特徵（註：可參考華萊氏線與其延伸）。

　　第一次來到蘭嶼，不少生物都是初次見面，像是「長尾鳩」也是在台灣本島沒有分布的，牠的尾羽比一般鳩鴿科野鳥要長許多，不過肉眼看起來呈紅褐色的頭部、暗黑色的背，讓牠看起來暗沉不太亮眼，沒有什麼特別，但是透過望遠鏡觀察，則會發現原本暗淡的羽色忽然間有了光澤與層次，暗黑色的背透過望遠鏡一看，是深藍色帶有一點紫，而頭部和腹部透過望遠鏡觀察，竟是酒紅色。

　　其實很多野鳥都有相同情況，單用肉眼看起來不怎麼起眼的，透過望遠鏡仔細一瞧，會發現原來羽毛如此有光澤、層次，眼神是如此澄澈深邃、明亮有神，我想這就是所謂「樸素的美」、「低調的美」吧！

長尾鳩

- 像是穿著長禮服的九頭身貴婦，就這樣優雅地看著我們。

- 「清晨」還是賞鳥的最佳時段，半小時內看到七種野鳥，等到太陽升起氣溫偏高後，牠們就都飛走了。

野桐

全身紫紅色＋深藍色的羽色。

177

由於前一晚的夜觀因大雨而泡湯，今晚似乎是老天爺要補償我們，讓我們看到許多特別的生物。

首先登場的是無尾鞭蠍，在台灣也有「鞭蠍」，雖然二者外形上看起來都挺嚇人的，乍看之下很像蠍子，但其實牠們都不屬蠍子，而是蛛形綱。有人形容牠們是「有兩隻手的蜘蛛」，就是在描述那對捕食用，像螯一樣的觸肢；另外無尾鞭蠍沒有尾，所以也無螯針，並無毒性也不會螫人，但牠有對特別的腳，非常長像觸鬚一樣，但卻不是用來走路，而是特化成偵測用的功能。

看到這類奇怪的蟲雖感到有點害怕，但其實牠很溫馴，也不像台灣的鞭蠍受到威脅時會噴出「醋酸」，據說牠大多躲在岩縫、洞穴或石頭底下，並不常見，因此能夠在野外親眼觀察到牠，的確很幸運。

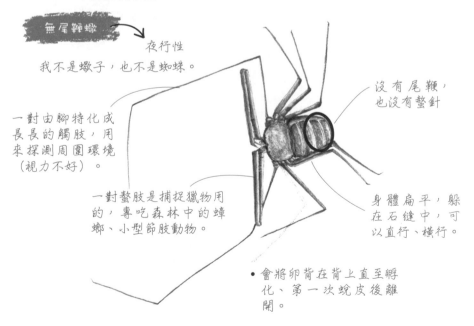

無尾鞭蠍

夜行性

我不是蠍子，也不是蜘蛛。

一對由腳特化成長長的觸肢，用來探測周圍環境（視力不好）。

一對螯肢是捕捉獵物用的，專吃森林中的蟑螂、小型節肢動物。

沒有尾鞭，也沒有螯針

身體扁平，躲在石縫中，可以直行、橫行。

• 會將卵背在背上直至孵化、第一次蛻皮後離開。

| 椰子蟹 |

當老師把無尾鞭蠍放回礁岩時，牠便很快地鑽進縫裡去了。接著我們在步道邊坡樹根看到今日最大獎——椰子蟹。其實椰子蟹也算是寄居蟹的一種，只是牠的背已經角質化變硬了，不再需要背著貝殼。

椰子蟹

又稱八卦蟹

• 陸地上最大的寄居蟹，二歲以後就不用殼了，生長緩慢，手掌大的約 30～40 年

• 目前瀕臨絕種，最大天敵是人類。

危機
1. 棲地消失：海岸樹林、礁岩
2. 路殺：繁殖時跨越馬路到海邊去產卵
3. 美食：許多人視爲餐桌上的佳餚

椰子蟹成長速度很慢，要長成手掌那麼大的約要幾十年，然因各種因素，目前數量已非常稀少，在國際和台灣都已將其列入瀕臨絕種的保育類生物。

牠跟所有陸蟹一樣，平時住在森林底層的潮濕陰暗處，繁殖期時會離開海岸樹林，到海邊去產卵。由於必需從邊坡橫越人類開闢的濱海公路到海邊，其所承擔的風險除了容易掉進排水溝裡爬不出來、水泥護欄太高沒有縫隙可爬過去外，更容易遭到來往車輛輾壓死亡。就算牠能歷經重重障礙到海邊產卵，但還是要再驚險萬分的從海邊回到海岸樹林裡去，因此誠摯希望人類在開發土地、建設任何工程同時，也能爲這些小生命留一線生機。

而這種處境若再加上台灣或蘭嶼、綠島當地居民眼中都認為牠是一種美食而不是珍貴的生命物種，一直去食用牠，我想不用幾年光景，椰子蟹很快地就會滅絕，再也看不到了。

短腕陸寄居蟹

蝶螺的殼（貝殼）
會隨著成長不斷換
殼，不像蝸牛會自
行分泌殼。

收起來的時候，
剛好大螯可以蓋
住殼口。

有紫色、紫紅
色、橘色……

• 夜行性，白天躲在石縫、
　樹蔭、樹根裡休息

• 雜食性，會吃肉、魚和果子

• 住在沿海山上的森林，繁殖
　季時會越過馬路到海邊產
　卵，長大後再回到山上。

｜闊帶青斑海蛇｜

　　晚上到海邊去觀察海蛇，若沒有生態老師帶領，實在是件難以達成的事。因為海邊的礁岩粗糙又銳利，必須謹慎小心才不會被割傷，此行跟著老師走了頗遠的一段路程（也或許是晚上視線不好，又身處陌生的地方，所以才感覺很遠），看著老師身手矯健地走在高低落差有點大的礁岩上，體能號稱弱雞的我其實有點怕會一個沒抓穩就刮得皮破血流或掉進石縫中，然而這一切在看到漂亮的海蛇後都值得了。

闊帶青斑海蛇

• 海蛇非常漂亮，但令我感動
　的不只是牠的美，還有老師
　輕輕的撈住牠，對我們說：
　「看！海蛇的尾部呈扁扁的
　鰭狀，利於在海裡長距離移
　動...」那種對待野生動物的
　溫柔與善意。

劇毒，但不會主動攻擊
人，出毒量很低。

我很喜歡畫老師捧著蛇解說的模樣，他總是輕輕的「撈住」蛇（不是掐住蛇的脖子，也不是抓住蛇，更不是拎著蛇尾巴，讓蛇倒吊在半空中，任蛇扭曲掙扎），蛇在老師手裡很少是一副驚慌失措的想逃走，或是緊張得一直做勢攻擊的狀態，事實上老師對待野生動物都是如此，溫柔地對待而不傷害牠們，因此牠們也就視你如平常物體而不會隨便發動攻擊。

黑唇青斑海蛇

魚醫生

182

| 巴丹綠繡眼 |

　　永興農場內是保留相當完整的低海拔森林，有點熱帶雨林的氛圍，園區內有幾條固有步道，我試著定點不動先用雙筒望遠鏡觀察四周有無任何鳥類的動靜，用耳朵仔細聆聽有無鳥兒或昆蟲的聲音，確定沒有再彎腰尋找任何小昆蟲或小生物，然而因為氣溫有些悶熱，所以也要留意被蚊子叮咬。就這樣亦步亦趨，小心地盡量不驚嚇任何生物或野鳥，同時享受著陽光灑落林間的美景，一群綠繡眼啾啾的飛過，聽起來跟台灣的綠繡眼叫聲很像，但我知道在這兒的綠繡眼是不同於台灣的種類，體型略大於台灣的綠繡眼，因此趕忙開啓數位相機，但是綠繡眼非常活潑好動，加上在枝繁葉茂的林間穿梭，想捕捉牠們的身影實在是很大的挑戰。

巴丹綠繡眼

又稱低地綠繡眼

若不是身處在蘭嶼，
根本分辨不出來牠與
台灣綠繡眼的不同。

在結束綠繡眼的觀察後，我在一旁灌叢的葉片上發現了一隻具金屬光澤的椿象。為避免遇到「蟲（鳥）去樓空」徒留遺憾，我通常習慣一發現有任何動靜，就先按下快門再說。果然，在我為這隻椿象拍了張照片後，才試著移動身體看能否靠近牠一些，或者將手舉高一點再拍攝背部，牠竟然就飛走了。

七星盾背椿象

台語又稱「臭腥龜仔」，
禦敵時會噴出難聞氣味。

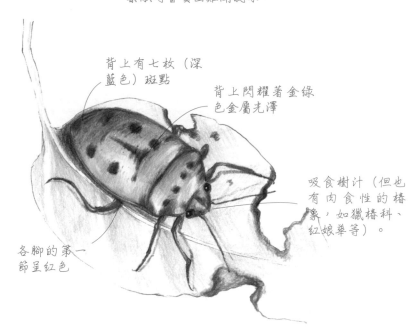

背上有七枚（深藍色）斑點

背上閃耀著金綠色金屬光澤

吸食樹汁（但也有肉食性的椿象，如獵椿科、紅娘華等）。

各腳的第一節呈紅色

184

天牛的觸角都很
長，尤其第二節
會比第一節長。

緊張時，頭和胸會前
後摩擦發出聲音。

背上有兩條黃
色的長條紋

• 我會飛蠻遠的一段
  距離喔！

• 台灣沒有，蘭嶼、綠
  島才有分布，但牠
  沒列入特有種。

蘭嶼縱紋長角天牛

蘭嶼縱條長鬚天牛

• 喜歡棲息在
  桑科榕屬植
  物上

大林氏綠天牛

背部是藍綠
色金屬光澤

公的觸角比
母的長

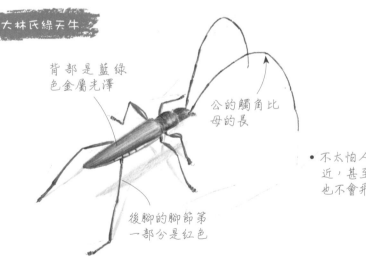

• 不太怕人，可以靠很
  近，甚至用手機拍牠
  也不會飛走。

後腳的腳節第
一部分是紅色

正當我們在林間來回走動得有些疲累，考慮著是否要離開時，忽然間頭上傳來「都都～都都～」的聲音，我心裡非常高興，可是貓頭鷹是相當敏感的動物，我深怕一丁點聲響就會嚇跑牠。

　　因此我站在原地不敢亂動，僅高舉著雙筒搜尋頭頂上的枝葉，心裡同時希冀貓頭鷹能多叫幾聲，好讓我憑藉聲音判斷來源方向。終於在茂密的麵包樹頂端發現了正在鳴叫的牠，原來牠似乎在睡覺休息，好像被我們打擾了。經過親眼觀察，我這才了解為什麼蘭嶼角鴞被稱作「嘟嘟霧」。

Q 版蘭嶼角鴞

嘟嘟霧

• 貓頭鷹大多是夜行性，夜晚覓食、求偶等活動。

角羽≠耳朵
偽裝成樹枝分岔，警戒時豎起，放鬆休息時會平放。

麵包樹

　　由於這次是靠自己觀察到貓頭鷹的身影，因此內心的興奮
與感動實在難以筆墨來形容，我也一直等到牠飛走，才心甘情願
的離開。

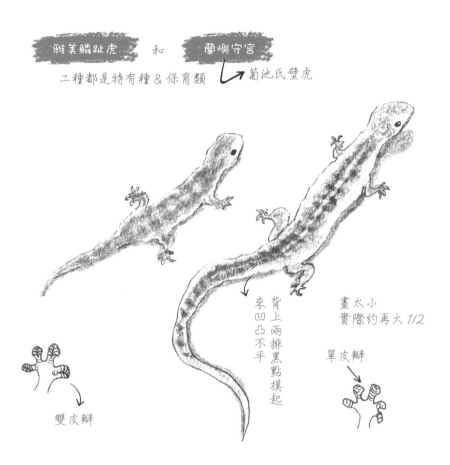

雅美鱗趾虎　　和　　蘭嶼守宮

二種都是特有種＆保育類　　　→菊池氏壁虎

背上兩排黑點摸起來凹凸不平

畫太小
實際約再大 1/2

雙皮瓣

單皮瓣

| 棋盤腳 |

　　棋盤腳是熱帶濱海植物，所以不只在蘭嶼看得到，恆春半島的墾丁也有分布。它通常在夜晚開花，因此在蘭嶼被當地人稱為魔鬼樹。它的花相當特別，花瓣白色，長長的花蕊呈現接近螢光的粉紅色，好像「光纖束」般，其實挺漂亮的，由於它的果實大約有手掌大小，外觀呈菱形有稜角，彷彿古代下圍棋的棋盤桌腳，故名棋盤腳。

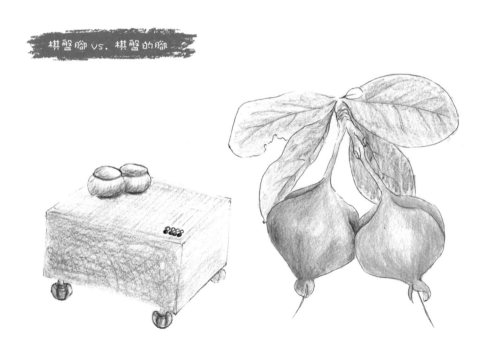

棋盤腳 vs. 棋盤的腳

蘭嶼角鴞和棋盤腳花

在觀察棋盤腳的同時，我們發現到另一個驚喜，那就是有棵樹上停棲著一隻蘭嶼角鴞。南國的植物配上南國角鴞。這畫面為蘭嶼行劃下完美句點。

國家圖書館出版品預行編目 (CIP) 資料

手繪自然筆記／朱珮青著 -- 初版 . -- 台中市：
晨星，2017.4
　面；　公分 . -- (自然生活家；29)
ISBN 978-986-443-230-1(平裝)

1. 生態學 2. 自然保育 3. 通俗作品

367　　　　　　　　　　105025311

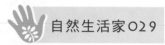 自然生活家029

手繪自然筆記

作者	朱珮青
主編	徐惠雅
執行主編	許裕苗
版面設計	許裕偉

創辦人	陳銘民
發行所	晨星出版有限公司
	台中市 407 工業區三十路 1 號
	TEL：04-23595820　FAX：04-23550581
	E-mail：service@morningstar.com.tw
	http://www.morningstar.com.tw
	行政院新聞局局版台業字第 2500 號
法律顧問	陳思成律師
初版	西元 2017 年 4 月 23 日
	西元 2019 年 4 月 23 日（二刷）

總經銷	知己圖書股份有限公司
	台北市 106 辛亥路一段 30 號 9 樓
	TEL：（02）23672044／23672047　FAX：（02）23635741
	台中市 407 工業 30 路 1 號 1 樓
	TEL：（04）23595819 FAX：（04）23595493
	E-mail：service@morningstar.com.tw
	網路書店 http://www.morningstar.com.tw
郵政劃撥	15060393（知己圖書股份有限公司）
讀者專線	04-2359-5819#230
印刷	上好印刷股份有限公司

定價 380 元
ISBN 978-986-443-230-1

Published by Morning Star Publishing Inc.
Printed in Taiwan

◆ 讀者回函卡 ◆

以下資料或許太過繁瑣，但卻是我們了解你的唯一途徑，
誠摯期待能與你在下一本書中相逢，讓我們一起從閱讀中尋找樂趣吧！

姓名：＿＿＿＿＿＿＿＿＿＿＿　性別：□ 男　□ 女　生日：　　／　　　／

教育程度：＿＿＿＿＿＿＿＿＿＿

職業：□ 學生　　　　□ 教師　　　　□ 內勤職員　　　□ 家庭主婦

　　　□ 企業主管　　□ 服務業　　　□ 製造業　　　　□ 醫藥護理

　　　□ 軍警　　　　□ 資訊業　　　□ 銷售業務　　　□ 其他＿＿＿＿＿＿

E-mail：（必填）＿＿＿＿＿＿＿＿＿＿＿＿　聯絡電話：（必填）＿＿＿＿＿＿

聯絡地址：（必填）□□□＿＿＿＿＿＿＿＿＿＿＿＿＿＿＿＿＿＿＿＿＿

購買書名：手繪自然筆記＿＿＿＿＿＿＿＿＿＿＿＿＿＿＿＿

· 誘使你購買此書的原因？

□ 於 ＿＿＿＿＿＿ 書店尋找新知時　□ 看 ＿＿＿＿＿＿ 報時瞄到　□ 受海報或文案吸引

□ 翻閱 ＿＿＿＿＿＿ 雜誌時　□ 親朋好友拍胸脯保證　□ ＿＿＿＿＿＿ 電台 DJ 熱情推薦

□ 電子報的新書資訊看起來很有趣　□ 對晨星自然 FB 的分享有興趣　□ 瀏覽晨星網站時看到的

□ 其他編輯萬萬想不到的過程：＿＿＿＿＿＿＿＿＿＿＿＿＿＿＿＿＿＿＿

· 本書中最吸引你的是哪一篇文章或哪一段話呢？＿＿＿＿＿＿＿＿＿＿＿＿

· 你覺得本書在哪些規劃上需要再加強或是改進呢？

□ 封面設計＿＿＿＿　　□ 尺寸規格＿＿＿＿　　□ 版面編排＿＿＿＿

□ 字體大小＿＿＿＿　　□ 內容＿＿＿＿＿　　□ 文／譯筆＿＿＿＿　□ 其他＿＿＿

· 下列出版品中，哪個題材最能引起你的興趣呢？

台灣自然圖鑑：□植物 □哺乳類 □魚類 □鳥類 □蝴蝶 □昆蟲 □爬蟲類 □其他＿＿＿＿

飼養＆觀察：□植物 □哺乳類 □魚類 □鳥類 □蝴蝶 □昆蟲 □爬蟲類 □其他＿＿＿＿

台灣地圖：□自然 □昆蟲 □兩棲動物 □地形 □人文 □其他＿＿＿＿＿

自然公園：□自然文學 □環境關懷 □環境議題 □自然觀點 □人物傳記 □其他＿＿＿＿

生態館：□植物生態 □動物生態 □生態攝影 □地形景觀 □其他＿＿＿＿＿

台灣原住民文學：□史地 □傳記 □宗教祭典 □文化 □傳說 □音樂 □其他＿＿＿＿

自然生活家：□自然風 DIY 手作 □登山 □園藝 □農業 □自然觀察 □其他＿＿＿＿

· 除上述系列外，你還希望編輯們規畫哪些和自然人文題材有關的書籍呢？＿＿＿＿＿

· 你最常到哪個通路購買書籍呢？□博客來 □誠品書店 □金石堂 □其他＿＿＿＿＿

很高興你選擇了晨星出版社，陪伴你一同享受閱讀及學習的樂趣。只要你將此回函郵寄回本社，

我們將不定期提供最新的出版及優惠訊息給你，謝謝！

若行有餘力，也請不吝賜教，好讓我們可以出版更多更好的書！

· 其他意見：＿＿＿＿＿＿＿＿＿＿＿＿＿＿＿＿＿＿＿＿＿＿＿＿

晨星出版有限公司 編輯群，感謝你！

郵票

晨星出版有限公司　收

地址：407 台中市工業區三十路 1 號
贈書洽詢專線：04-23595820*112　傳真：04-23550581

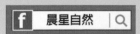